戦略としての
クオリティマネジメント

これからの時代の“品質”

一般社団法人 日本品質管理学会 監修
小原　好一　著

日本規格協会

JSQC選書
JAPANESE SOCIETY FOR
QUALITY CONTROL
31

JSQC 選書刊行特別委員会

（50 音順，敬称略，所属は発行時）

●執筆者●

小原　好一　前田建設工業株式会社相談役

発刊に寄せて

日本の国際競争力は，BRICsなどの目覚しい発展の中にあって，停滞気味である．また近年，社会の安全・安心を脅かす企業の不祥事や重大事故の多発が大きな社会問題となっている．背景には短期的な業績思考，過度な価格競争によるコスト削減偏重のものづくりやサービスの提供といった経営のあり方や，また，経営者の倫理観の欠如によるところが根底にあろう．

ものづくりサイドから見れば，商品ライフサイクルの短命化と新製品開発競争，採用技術の高度化・複合化・融合化や，一方で進展する雇用形態の変化等の環境下，それらに対応する技術開発や技術の伝承，そして品質管理のあり方等の問題が顕在化してきていることは確かである．

日本の国際競争力強化は，ものづくり強化にかかっている．それは，“品質立国”を再生復活させること，すなわち“品質”世界一の日本ブランドを復活させることである．これは市場・経済のグローバル化のもとに，単に現在のグローバル企業だけの課題ではなく，国内型企業にも求められるものであり，またものづくり企業のみならず広義のサービス産業全体にも求められるものである．

これらの状況を認識し，日本の総合力を最大活用する意味で，産官学連携を強化し，広義の“品質の確保”，“品質の展開”，“品質の創造”及びそのための“人の育成”，“経営システムの革新”が求められる．

“品質の確保”はいうまでもなく，顧客及び社会に約束した質と価値を守り，安全と安心を保証することである．また“品質の展開”は，ものづくり企業で展開し実績のある品質の確保に関する考え方，理論，ツール，マネジメントシステムなどの他産業への展開であり，全産業の国際競争力を底上げするものである．そして“品質の創造”とは，顧客や社会への新しい価値の開発とその提供であり，さらなる国際競争力の強化を図ることである．これらは数年前，(社)日本品質管理学会の会長在任中に策定した中期計画の基本方針でもある．産官学が連携して知恵を出し合い，実践して，新たな価値を作り出していくことが今ほど求められる時代はないと考える．

ここに，(社)日本品質管理学会が，この趣旨に準じて『JSQC 選書』シリーズを出していく意義は誠に大きい．“品質立国”再構築によって，国際競争力強化を目指す日本全体にとって，『JSQC 選書』シリーズが広くお役立ちできることを期待したい．

2008 年 9 月 1 日

社団法人経済同友会代表幹事
株式会社リコー代表取締役会長執行役員
(元 社団法人日本品質管理学会会長)

桜井　正光

ま え が き

社会環境の劇的な変化に伴い，企業における品質管理の位置付け，および品質管理のあり方は，転換期に直面している．

「ものづくりの品質」は，日本の高度成長期において，企業の成長戦略の重要な位置を占め，業務の質，さらには経営の質に踏み込んだTQM（Total Quality Management）は，国際社会からベンチマークされる存在となった．しかし，今日の日本企業の経営戦略における「品質」の位置付けは当時から後退し，むしろ製品の質保証に限定されるかの状況を呈している．そして，かつては競争優位の原動力であった品質が，数ある経営課題の一つに位置付けられるようになるに従って，品質への意識が希薄化し，度重なる品質不祥事がジャパンブランドを揺るがしている．ゆえに，将来にわたり不変の哲学として，品質管理をより一層真摯に取り組むことが社会から求められている．

その一方で，品質管理の取り組みそのものが弱くなっている要因にも目を向けなければならない．「ものづくりの品質」が経営基盤として必要であることに変わりはないものの，それだけでの成長が難しくなっていることが，その所以となっている．

私が身を置く建設業の市場は，フローからストックへの転換，つまり新築中心から運営・維持を含めたライフサイクル全体を俯瞰したビジネスが主流になる時代が到来しつつあるため，「つくる品質」だけで顧客を満足させることは難しく，顧客や社会のニーズを具現化する「サービス」を安定的に提供するビジネスモデルを構築することが喫緊の課題となっている．

これまでサービスのクオリティは暗黙知に頼る部分が多い領域であったが，新たな産業革命と称される「IoE（Internet of Everything)」の普及に伴い，ものがインターネットでつながり，ビッグデータとして集積されるとともに，AI（Artificial Intelligence）の技術的進展により，顧客ニーズなどの分析力が向上し，形式知化が飛躍的に進んでいる．さらに，IoE がプラットフォームとなる社会では，情報のオープン化が自在になるため「オープンイノベーションによる価値共創」により，企業や業界の壁を超えてコラボレーションが活性化するとともに，顧客との共創が価値創出のキーサクセスファクターになると期待されている．

以上のことから，これからの時代の企業価値向上に資する品質とは，ものづくりとサービスが ICT（Information and Communication Technology）をインターフェースとしてシナジーを発揮しあう姿であり，キャッチフレーズとして表現すると「ものづくり × サービス ×ICT による価値共創」であると私は思う．

しかし，これからの時代を見据えた品質管理を考えるに当たって，「品質」という言葉には，ものづくりのイメージが根強く残っているため，サービス，価値共創を包含した品質管理を提唱しても，社会全般に馴染まないことを危惧している．「狭義」と「広義」の品質と定義する選択肢もあるが，社会への浸透の観点で，より平易な表現が望ましい．

そこで本書では，国際的に通用することに加えて，QOL（Quality of Life）に代表されるように社会で幅広く用いられているという観点で，引用文献，固有名詞などを除き，用語を「クオリティ」に統一することとした．ただし，学術的な裏付けを前提としたものではなく，社会に受け入れやすいという自らの見解にもとづく選択であることを申し添えたい．

本書の構成は，第１章でクオリティの本質を再確認した上で，経営層のリーダーシップにもとづく活動が必要不可欠であることから，経営戦略としてのとらえ方について私の考えを述べるとともに，主要な方法論を解説する．

続いて，第２章ではものづくりのクオリティ，第３章ではESGのクオリティについて，その要諦を示している．

そして，第４章では，これからの時代の成長戦略として，さらにはクオリティの本質的な目的である「顧客価値」の実現にフォーカスして，日本品質管理学会が進めている生産革新部会／サービスエクセレンス部会の取り組みをもとに私なりの考察をまとめている．

また，第５章では，これからの時代のクオリティは，グローバルの視点を持ち，オールジャパンで社会的訴求力を高めていく活動がより一層重要になることを見据えて，その動向を紹介する．

さらに，各章の終わりにトピックスを設けて，本書の構成には収まらなかったが書き留めておきたいことを収めているので，多少脱線している点をお許しいただきつつご笑覧いただければ幸いである．

本書を通して，クオリティの重要性と経営戦略における位置付けを心に留めていただき，新たな時代を切り開き，「品質立国日本」を将来にわたって揺るぎないものとするための一助になることを心より願い，巻頭のメッセージとしたい．

2019年６月

小原　好一

目　　次

発刊に寄せて
まえがき

第1章　クオリティを経営戦略と位置付ける

1.1　クオリティの本質……11
1.2　基盤戦略と革新戦略……14
1.3　基盤戦略の重要性……15
1.4　革新戦略の基盤戦略化……18
1.5　クオリティマネジメントの具体的アプローチ……21

第2章　ものづくりのクオリティ

2.1　品質との出会い……31
2.2　品質不祥事の再発防止に向けて……32
2.3　品質マネジメントの体系化……38

第3章　ESGのクオリティ

3.1　安全——重大災害の再発防止……43
3.2　社会・環境——環境経営No.1……56
3.3　ガバナンス——クオリティ重視の組織文化醸成……75

第4章　個客体験のクオリティ

4.1　社会変化の先にあるクオリティ …… 84
4.2　デマンドベースの生産革新 …… 91
4.3　エクセレントサービスの実現に向けて …… 100
4.4　生産革新，サービスエクセレンスのキーサクセスファクター …… 110

第5章　グローバル戦略としてのクオリティ

5.1　オールジャパンの連携構想 …… 118
5.2　グローバル戦略として取り組むべき課題 …… 127

あとがき …… 139

引用・参考文献 …… 143
索　　引 …… 145

トピックス

1　私の信条　28
2　ダム現場から得た学び　40
3　事故を語り継ぐ　54
4　社会環境と自然環境の創生　73
5　経営者による現場巡視　81
6　技術革新に伴う「ひと」の役割　114
7　グローバル化に伴う三つの機会　135

第1章 クオリティを経営戦略と位置付ける

1.1 クオリティの本質

(1) 顧客と社会のニーズを満たす程度

日本品質管理学会は,「品質」を以下のとおり定義している[1)].

> 製品・サービス,プロセス,システム,経営,風土など,関心の対象となるものが明示された,暗黙の,又は潜在しているニーズを満たす程度.
>
> ニーズには,顧客と社会の両方のニーズが含まれる.

ここで,「品質」について,私の自戒も込めて,ビジネスパーソンが誤解しがちな点を正したい.

① 「もの」の品質というイメージが根強いが,「サービス」も対象としている.

② さらに,プロセス,システム,経営,風土も対象としている.すなわち,顧客に提供する製品・サービスのみならず,製品・サービスを生み出す「組織能力」も対象としている.

③ 高性能であることが良い品質と誤解しがちであるが,顧客と社会のニーズを満たさなければ良い品質とはいえない.

しかし，『大辞林 第三版』では，品質は「品物の質」と記載されているように，社会全般の認識を直ちに払拭することは容易ではない．そこで，「まえがき」に記したように，品質という言葉の本質を正しく解釈するねらいを込めて，本書では引用文献，固有名詞などを除き「クオリティ」に用語を統一している．

(2)　TQMへの進展

次に，クオリティを管理する方法論であるQC（Quality Control）がTQM（Total Quality Management）に進化していく過程を振り返りたい．

日本にQCの手法が本格的に伝えられたのは，第二次世界大戦後である．壊滅状態の日本にアメリカ占領軍指令本部（GHQ）が上陸してきたが，米軍にとって困ったことの一つは電話通信に故障が多いことであり，米軍は日本の電気通信工業界に対し，QCの指導を始めたことがそのルーツである[2)]．

そして，検査で不良品を排除する欧米流のQCから，工程で不良品を出さない日本流のQCが誕生した．良いクオリティの製品をつくるためには，検査で不良品を出さない体制，すなわち検査の前段階の工程で不良を出さない管理を行うことが重要であり，これによって不良品の損失コストの低減に加えて，検査工数も低減できるようになった．さらに，より源流段階でクオリティを確保するべく，企画・開発・設計なども巻き込んだ活動に発展していった．

しかし，クオリティは顧客によって評価されるものである．そこで，お客様の満足を得るために，営業・間接部門など組織全体が参加して「業務の質」を管理するようになった．そして，お客様の満足を高めていくために，パフォーマンスを維持するだけでなく，PDCA（Plan, Do, Check, Act）サイクルを回しながら「改善」を行う活動へと幅が広がっていった．

1961年，米国のファイゲンバーム（Armand V. Feigenbaum）は『Total Quality Control』を出版．その中で，「TQCとは，消費者を完全に満足させるということを考慮して，もっとも経済的な水準で生産し，サービスできるように，組織内の各グループが，品質の開発・維持・改良の努力を統合するための効果的なシステムである」とし，TQCの概念を提唱した[2)]．しかし，ファイゲンバームの主張したTQCは，QC技術者が中心となって活躍するものであり，日本流の活動とは思想に若干の相違があったが，TQCという言葉が定着し，日本の高度成長の原動力となって，製造業を中心に広く普及するようになった．

そして1996年，Controlという言葉は，「基準と対照する」という狭い意味でしかなく，TQCという用語が国際的に通用しなくなってきていることから，日本科学技術連盟はTQMへ呼称を変更した[3)]．

以上のような歴史的背景をもとに，TQMはQCの概念，手法の活用を中核として，ものづくりのクオリティ（狭義）にとどまることなく，広義のクオリティ，すなわち経営のクオリティを対象とするQCDSMEを向上する活動へと進化した（図1.1参照）．

図 1.1　TQM の対象

1.2　基盤戦略と革新戦略

本書を執筆している 2019 年の日本は，失われた 20 年を経て，TQM への関心が成長期に比べて薄れていると実感している．その要因を経営戦略の観点から考察したい．

経営戦略は，大きく二つに区分される．一つは，社会の変化を先取る「革新戦略」であり，二つ目は，時代を問わず不変の「基盤戦略」である（図 1.2 参照）．

企業は，「革新戦略」への関心が高くなる傾向があるため，「基盤戦略」が後回しになりがちである．しかし，基盤が弱体化すると必然的に問題が発生する．ゆえに，革新戦略単独で経営は成立しな

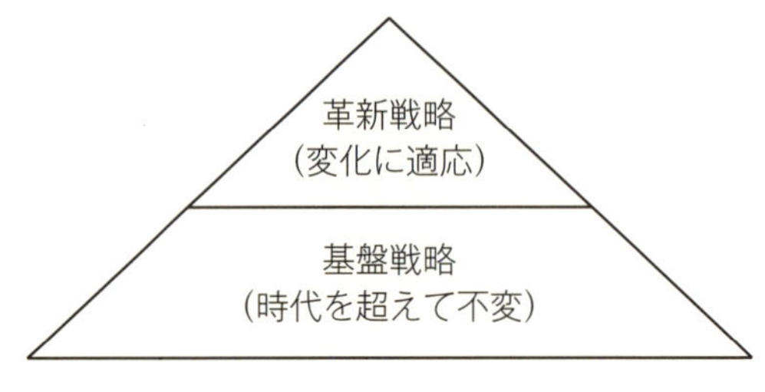

図 1.2　基盤戦略と革新戦略

い．例えば，基盤戦略である製品・サービスの保証，信頼性，安全性などがなければ，革新戦略が目的とする顧客や社会の期待に応えることはできない．そのような観点で，基盤戦略を確実に，継続的に推進している組織でなければ革新戦略に踏み出せない．したがって，革新戦略と基盤戦略を「両輪」として推進し，偏りをなくすことが経営層の役割となる．そして，一度作り上げた企業体質を維持するために継続的に教育を推進する必要がある（図 1.3 参照）．

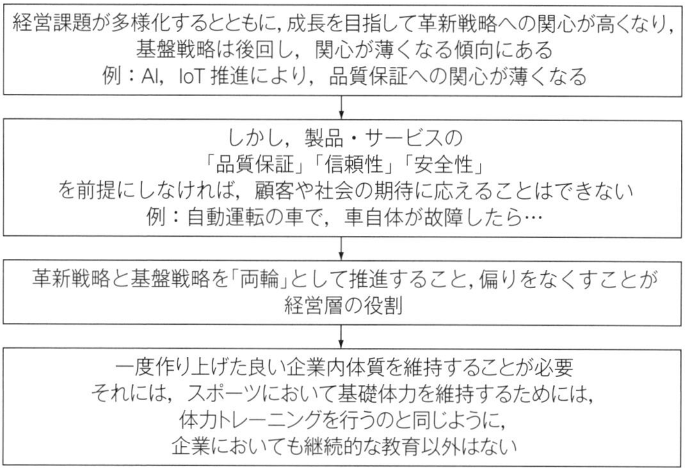

経営課題が多様化するとともに，成長を目指して革新戦略への関心が高くなり，
基盤戦略は後回しし，関心が薄くなる傾向にある
例：AI，IoT 推進により，品質保証への関心が薄くなる

↓

しかし，製品・サービスの
「品質保証」「信頼性」「安全性」
を前提にしなければ，顧客や社会の期待に応えることはできない
例：自動運転の車で，車自体が故障したら…

↓

革新戦略と基盤戦略を「両輪」として推進すること，偏りをなくすことが
経営層の役割

↓

一度作り上げた良い企業内体質を維持することが必要
それには，スポーツにおいて基礎体力を維持するためには，
体力トレーニングを行うのと同じように，
企業においても継続的な教育以外はない

図 1.3　両輪としての基盤戦略と革新戦略

1.3　基盤戦略の重要性

(1)　基盤戦略をおろそかにした場合

スピード感を伴う時代の変化に対応するためには，その時代の流れにあった「革新戦略」を推進することが必要になるが，革新ばか

りに目が行くと基盤戦略を推進するための「組織」や「ひと」の育成がおろそかになりがちである．また，「社会からの要請の多様化」に伴い，経営課題が山積みとなり，基盤戦略を推進する組織やひとの育成が後回しになっている企業も散見される．組織やひとの育成を行わなくても，直ちに影響が生じることはないが，時間の経過に伴い，徐々に組織力は衰退し，気が付けば修復不可能なダメージが生じる．いわゆる「ゆでガエル現象」である．衰退した組織力が直ちに元に戻ることはない．「組織力」も「個の力」も一朝一夕では向上しない．ゆえに，「長期的なビジョン」を持ち，ぶれることなく基盤戦略を推進する「組織力」と「個の力」を高めていくことが求められる（図1.4参照）．

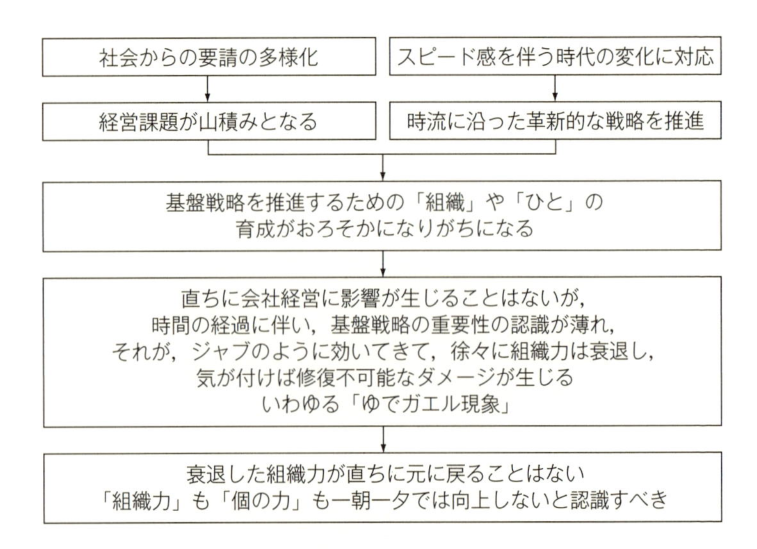

図 1.4　基盤戦略をおろそかにした場合

(2) 基盤戦略を着実に実践している場合

基盤戦略を推進する「組織力向上・ひとづくり」を重要課題に掲げ，着実に実践している企業は，当然ながらトラブルが発生する可能性は低くなる．なぜならば，ミスを含めた逸脱行為は，どの組織・職場においても起こる可能性がある．しかし，基盤戦略が重要と考え，そのための「ひとづくり」に注力している企業では，経営者から最前線の社員まで「価値観を共有」し，「問題を顕在化させて自発的に解決していく力」を個人個人が養っているため，リスクを低減できる．また，「組織づくり」を実践している企業では，問題を組織的に解決することに加えて，再発防止・未然防止を引き出すための「縦横のコミュニケーションと連携のしくみ」を構築しているため，リスクをさらに低減できる（図 1.5 参照）．

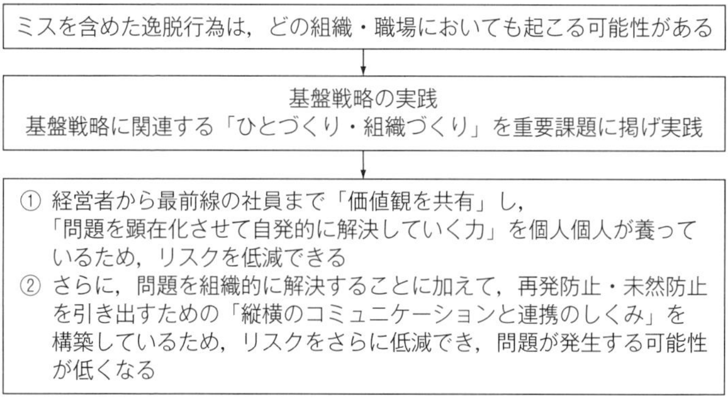

図 1.5 基盤戦略を着実に実践している場合

1.4 革新戦略の基盤戦略化

(1) 魅力的品質と当たり前品質

次に，経営戦略とTQMの関係を紐解くことで，TQMへの関心が薄れた要因を考察したい．

高度成長期の日本は，製造業の市場が拡大する局面で，ものづくりのクオリティ向上を経営戦略と位置付けることで企業は成長を果たすことができた．しかし現在では，そのような企業の多くは，今まで成功した事業だけで収益を確保することが困難となっている．このような時代環境において，ものづくりのクオリティは必要不可欠な要素であることに変わりないが，新たな価値を創造しなければ成長を果たすことが不可能である．

これらの時系列的なの変化を読み取り，その概念を「魅力的品質の考え方」として明示したのが，東京理科大学の狩野紀昭教授（当時）である（図1.6参照）．感動を与える品質，すなわち「魅力的品質」は，出現時にはその機能があれば顧客に喜んでもらえるが，その機能がなくても受け入れられる．これが，時間の経過とともに，ついていなければ不満，ついていれば満足という状態（一元的品質）になり，さらに成熟期になると，ついていて当たり前の状態(当たり前品質）になる[4]．

つまり，既存のクオリティに安住していると，いつしか「当たり前品質」となり，価値を失うことになる．そのため，「魅力的品質」を創造していく活動を，「当たり前品質」を確保する活動に加えて実行することが必要になる．

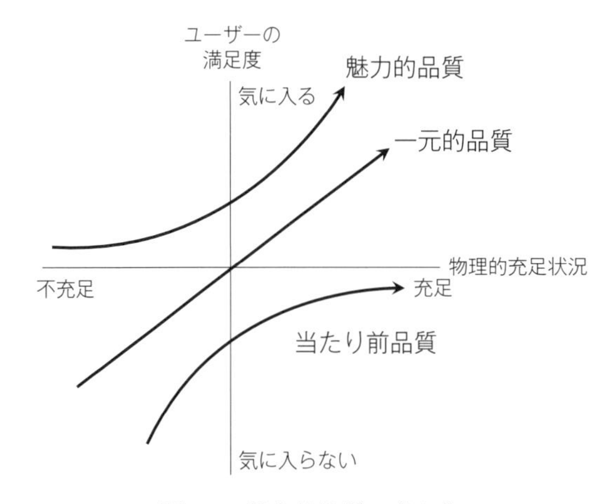

図 1.6　魅力的品質の考え方

［出典　狩野紀昭，瀬楽信彦，高橋文夫，辻新一(1984)：魅力的品質と当たり前品質，品質，Vol.14, No.2, p.41 図･1(b)を改変］

魅力的品質の考え方を，「ものづくりのクオリティ」に当てはめると，現在の日本の企業のものづくりは，社会の成熟化，競争によるコモディティ化などを背景として，その多くが「魅力的品質」から「当たり前品質」となり，経営戦略の観点においても「革新戦略」から「基盤戦略」に移行している．多くの日本製造業の競争力が次第に低下し，TQM への関心が薄れた背景には，この考え方への当事者感覚が不足していたことが要因の一つとして考えられる．

(2)　PDCA と SDCA

TQM では，革新・改善を生み出すプロセスは PDCA（Plan, Do, Check, Act）サイクル，維持・向上を具現化するプロセスは SDCA（Standardize, Do, Check, Act）サイクルとしているが，両

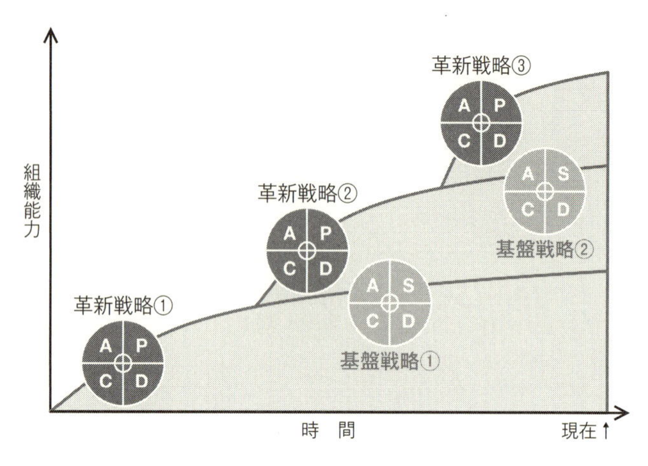

図 1.7　戦略を具現化する PDCA／SDCA サイクル

者を革新戦略と基盤戦略に当てはめると図 1.7 のとおりとなる．

PDCA サイクルを回し続けることで革新戦略を具現化し，組織能力を高めるが，時間の経過とともに PDCA サイクルによって構築したマネジメントシステム，標準などの維持・向上（SDCA サイクル）が主体となり，基盤戦略に移行していく．ただし，基盤化した戦略であっても，重大な問題が発生し，組織能力が低下した際には，PDCA サイクルにより問題解決を図るケースもある．そして企業は，さらなる成長を果たすために，新たな革新戦略に踏み出し，PDCA／SDCA サイクルにより組織能力を段階的に高めていくことが求められる．

ものづくりのクオリティは，日本の製造業の多くが革新戦略から基盤戦略へと移行している．第 3 章で解説する安全，社会・環境，ガバナンスのクオリティも，その大部分は基盤戦略として位置付けられる．そして，これからの時代の成長に資するクオリティを革新戦略に据えることが重要課題となるが，この点については，第4章で詳述する．

1.5 クオリティマネジメントの具体的アプローチ

本節では，革新戦略の推進プロセスであるPDCA，さらには基盤戦略の推進プロセスであるSDCAの代表的なしくみを紹介する．

1.5.1　PDCAの推進

私の経験ではPDCAの実践を通した経営層のコミットメントが，革新戦略に加えて，重大事故，品質トラブルが発生した際の再発防止など基盤戦略の推進にも大きく貢献してきた．PDCAを実践するしくみの例として，方針管理，DR（Design Review）を示す（図1.8参照）．

方針管理，DRなどPDCAのしくみの導入・実践により，縦横のコミュニケーションが改善し，組織能力の向上に寄与する．

(1)　方針管理

方針管理とは，「方針を，全部門・全階層の参画のもとで，ベクトルを合わせて重点指向で達成していく活動」[1)]である．具体的には，中期経営計画，社長年次方針を事業本部・支店の方針に展開し，部門は具体的なアクションプラン（実施計画）にブレークダウンの上，その実施計画にもとづき課題解決活動を実行する．経営

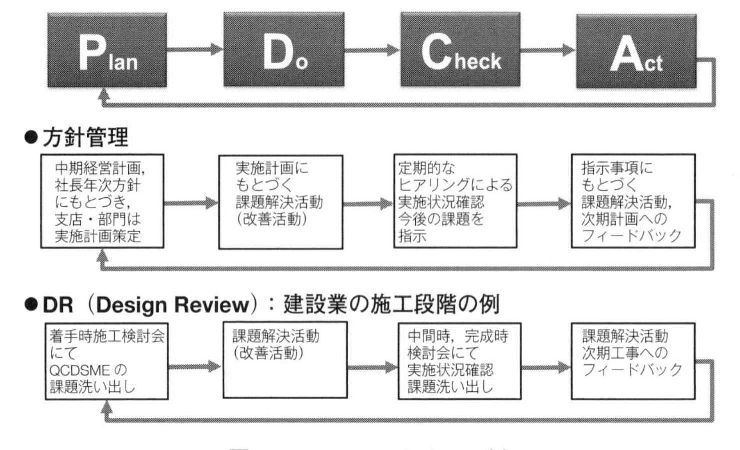

図 1.8　PDCA のしくみの例

トップは定期的なヒヤリング，レビューの場を設け，実施状況を確認するとともに今後の課題を指示する，というように PDCA サイクルを回す．

重要品質問題の撲滅を目的とする方針管理の例を図 1.9 に示す．

(2)　DR

DR（Design Review）とは，「設計活動の適切な段階で必要な知見を持った人が集まって，そのアウトプットを評価し，改善すべき事項を提案する，及び／又は次の段階への移行の可否を確認・決定する組織的活動」[1] である．デザインレビューの対象には，製品・サービスの設計だけでなく，生産・輸送・据付・使用・保全などのプロセスの設計も含まれる [1]．

建設工事における施工プロセスの例を示すと，工事着手時に各方

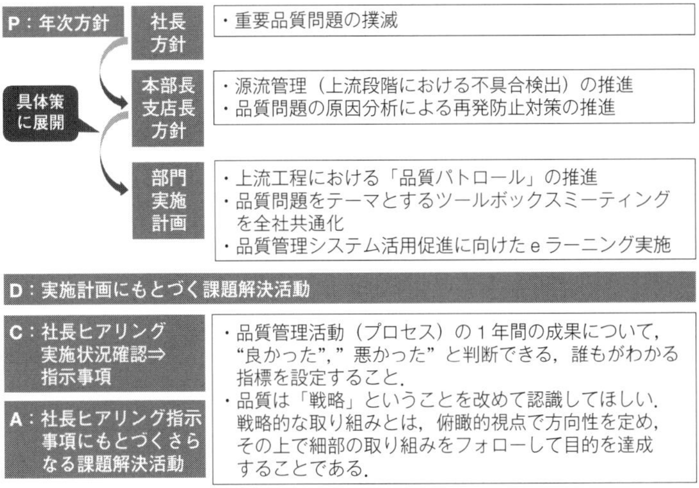

P：年次方針

具体策に展開

社長方針
・重要品質問題の撲滅

本部長 支店長 方針
・源流管理（上流段階における不具合検出）の推進
・品質問題の原因分析による再発防止対策の推進

部門 実施 計画
・上流工程における「品質パトロール」の推進
・品質問題をテーマとするツールボックスミーティングを全社共通化
・品質管理システム活用促進に向けたｅラーニング実施

D：実施計画にもとづく課題解決活動

C：社長ヒアリング 実施状況確認⇒ 指示事項

A：社長ヒアリング指示事項にもとづくさらなる課題解決活動

・品質管理活動（プロセス）の１年間の成果について，“良かった”，”悪かった”と判断できる，誰もがわかる指標を設定すること．
・品質は「戦略」ということを改めて認識してほしい．戦略的な取り組みとは，俯瞰的視点で方向性を定め，その上で細部の取り組みをフォローして目的を達成することである．

図 1.9　方針管理の例

面の専門家が集い QCDSME に関する課題を洗い出し，現場を中心に課題解決活動を実行する．そして，中間時，完成時に再び検討会を開催し実施状況を確認し，当該工事でさらなる改善を進めるとともに次期工事にも展開する，というように PDCA を回す．

品質不具合の再発防止を目的とした事例を図 1.10 に示す．

1.5.2　SDCA の推進

(1)　標準化

異常が発生した場合，「標準」の観点から原因を調査し，SDCA サイクルを回して再発防止策を講じるアプローチとして「標準化フロー」を図 1.11 に示す．

標準の有無のみならず，標準どおり行っても標準の内容が適切で

P：着手時施工検討会	支店指示事項	重大クレームの一つである「漏水箇所の絶無」を重点課題とする
具体策に展開	作業所施工方針	サッシ廻りからの漏水防止，打ち継ぎ部分からの漏水防止対策を別添技術資料にもとづき実施

D：作業所施工方針，施工計画にもとづく課題解決活動

C：中間時施工検討会
実施状況確認⇒
重点取組事項指示

A：中間時施工検討会指示事項にもとづくさらなる課題解決活動

- サッシ廻り塗布防水の必要性について検討
  ⇒打ち込みタイル面にアゴを設け，サッシ廻りの漏水防止を実施しているため不要
- タイルの打ち込み部分と後貼り部分との境の精度に注意すること
  ⇒後貼り部分が未施工のため，タイル下地で精度を確保する
- 給排水管の漏水防止を検討すること
  ⇒設備業者との打合せの結果，漏水及びメンテナンスを考慮して点検口を設置

図 1.10　DR の例

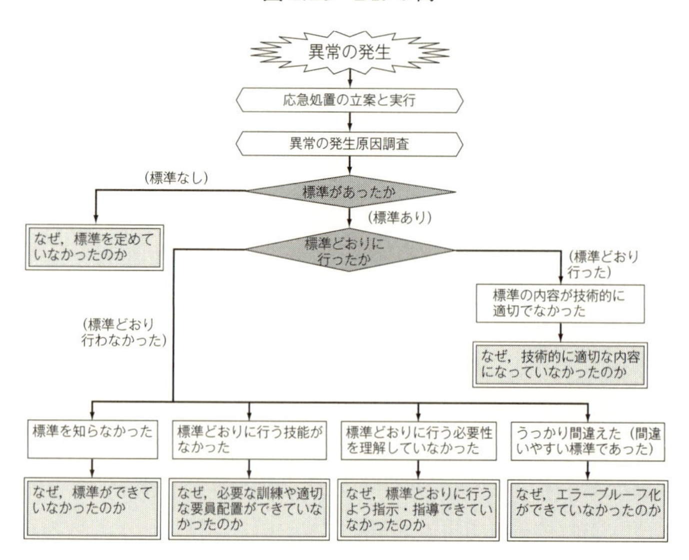

図 1.11　標準化フロー

［出典　JSQC-Std 32-001:2013　日常管理の指針 p.24 図 13，
標準に基づく原因追及フロー，日本品質管理学会］

ない，あるいは標準どおり行わなかったなど，標準を切り口にして「なぜできなかったのか」を調査し，再発防止に結びつけることが必要である．

(2)　マネジメントシステムの構築

ISO，JIS などの標準にもとづいて自社のマネジメントシステムを構築し，内部監査などを通して SDCA サイクルを回して，標準が要求するレベルを維持するとともに，継続的に PDCA サイクルを回しながら組織能力の向上を図る（図 1.12 参照）．

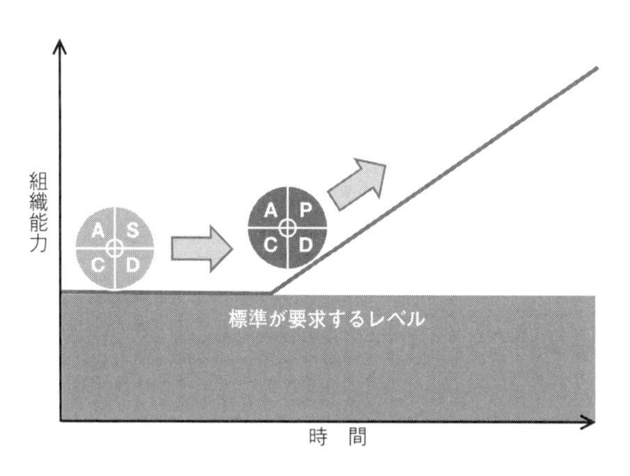

図 1.12　標準にもとづくマネジメントシステムの運用

1.5.3　PDCA ／ SDCA サイクルを活性化するしくみ

PDCA ／ SDCA サイクルを推進するに当たって，チームマネジメントとしての「小集団改善活動」が重要な役割を果たしている．

小集団改善活動とは以下の活動を指す[6)]．

① **小集団改善活動／小集団活動**

共通の目的及び様々な知識・技能・見方・考え方・権限などを持つ少人数からなるチームを構成し，維持向上，改善及び革新を行うことで，構成員の知識・技能・意欲を高めるとともに，組織の目的達成に貢献する活動．

注記　小集団改善活動には，改善チームによる活動，QCサークルによる活動などが含まれる．

② **改善チーム／改革・改善チーム**

組織の重要問題・重要課題について，その解決，達成のためにつくられた小グループ．

③ **QCサークル**

第一線の職場で働く人々が，継続的に製品・サービスの品質／質又はプロセスの質の維持向上及び改善を行うための小グループ．

注記　QCサークルによる活動においては，顧客満足の向上及び社会への貢献だけでなく，構成員の能力向上・自己実現，明るく活力に満ちた生きがいのある職場づくりが重要な目的となる．

経営層は，小集団改善活動を担当者任せにするのではなく，経営理念・方針を実現する場として，さらには個の力と組織力を向上する方策として，積極的にコミットすることが求められる．そして，小集団改善活動の形態は多様性を増しており，プロジェクトチーム，クロスファンクショナルチームに加えて，日々のツールボックスミーティング，チームでの現場巡視なども包含し，形ありきではなく目的志向で自らの組織の実情に適応した活動を展開することがポイントとなる．

また，「QC サークル活動＝クオリティマネジメント」という誤解が一部にあるが，QC サークル活動をはじめとした小集団改善活動はクオリティマネジメントの一部であり，方針管理，日常管理などと併せて推進することが求められる（図 1.13 参照）．

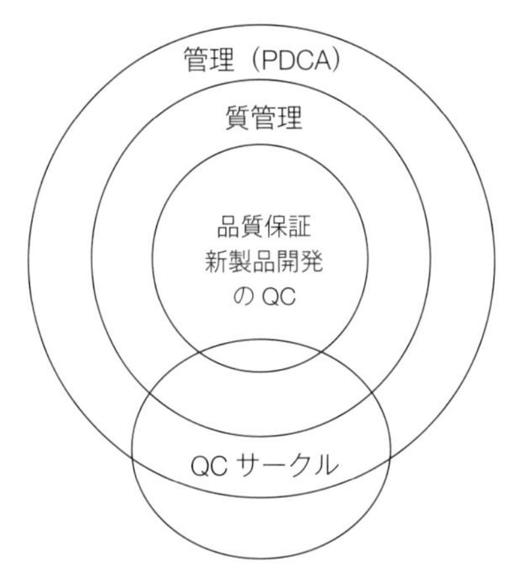

図 1.13　全社的品質管理とは

［出典　石川馨(1984)：日本的品質管理 増補版，p.130，日科技連出版社］

トピックス1

私の信条

私は，1968（昭和43）年4月に大学（理工学部建設基礎工学科）に入学したが，一学年の時は学生運動により大学が封鎖された影響でほとんど授業が受けられず部活動に明け暮れる毎日であった．さらに，就職に関しては売り手市場の時代で，民間企業を希望したほとんどの人は希望どおり就職ができたと記憶している．

そのような学生時代を終え，1972年に前田建設に入社してから環境は激変した．大きな舞台で体を動かす働き方をしたいとの思いからダム造りを希望し，それ以来33年間ダム現場に従事したが，建設現場はとにかく「忙しい」の一言であった．最初は腰が引けたが，力の限界に当たって身を以て感じたことは，「100％の力」にとどまっていては持てる力を出し切るだけで終わってしまうという思いであった．さらなる高みを目指すためには，先輩，上司からの仕事の指示がきたら全てを受け入れること——すなわち，「与えられた仕事から逃げずに，その仕事に対して120％の力を出し切る」ことにより，達成感と新たな課題への挑戦意識が生まれ，結果として大きな力に結びつくのだと信じて，今日まで貫き通し続けている．

さて，120％の力を発揮するには「やる気（努力）」が最も大事であるが，がむしゃらに仕事をするだけでは空回りとなる恐れがあり，リスクヘッジを考えた行動計画を心がけている．

例えばダム工事の場合，自然というリスクと闘わなければならず，雨，風，気温など，我々では制御できない現象に遭遇するに当たって，自然への謙虚な畏怖心をもち，適切な判断を行うための行動計画が必要となる．そして，「愛嬌」も不可欠な力である．「部下のために何かしてやろう」「上司のために一生懸命尽くしてやろう」と思わせるような人を惹き付ける力が愛嬌であり，自分自身が他のために尽くすことによって，磨かれていくものだと思う．また，「資質」ももちろん重要な要素であるが，これは努力によってある程度カバーできる．

上述した内容を総括すると，120%の力を発揮するには『やる気(努力)×愛嬌×資質』が重要なキーワードであり，私の仕事の信条として位置付けている．

そして，一般的には「人事を尽くして天命を待つ」であるが，私は「天命を知って人事を尽くす」を座右の銘としている．2009年に社長を引き受けるに当たり大役は務まらないと悩んだが，前社長の「ものづくりに徹してほしい」との言葉が天命と受け止める契機となり，自分の人生は「人事を尽くして天命を待つ」の逆であろうと直感した．自らの天命を知って，その天命を受け入れて自覚し，その天命のためにベストを尽くす．それが最も幸せな人生と実感している．ゆえに今は，若人たちに，人はそれぞれ活躍の場が用意されていて，そこで全力を尽くせばよいのだと語り続けている．

第2章　ものづくりのクオリティ

本章では，「ものづくりクオリティは不変の基盤戦略である」と身をもって実感した二つのトピックスについて触れたい．

なお，本章では「クオリティ」より「品質」と表現するほうがイメージしやすいため，章のタイトルを除いて「品質」に統一する．

2.1　品質との出会い

私の品質との出会いは40年以上前に遡る．1972年に前田建設工業(株)（以下，前田建設という．）に入社し，土木技術者として高瀬ダム（長野県）の施工現場に従事した．当時を振り返ると，ダム事業は治水，利水など社会の発展に大きく貢献する一方で，規模の拡大に伴う被害も顕在化した．その代表例が，1976年のティートンダム（米国）決壊事故である．

総貯水量28 800万 m^3 を誇るロックフィルダム・ティートンダムは，施工前からダムサイトの透水性の高さを指摘されながらも工事が進められ，1975年3月から湛水開始，1976年6月3日に漏水が確認されてから翌々日の6月5日に決壊，死者11人，負傷者数約1 000人，死亡家畜約6 000頭，被災戸数約8 000戸，被害総額約10億ドルの大惨事となった．

これだけの災害でありながら死者が少なかったのは，近隣住民のネットワークが行き届いていたことが理由とされている．この事故の報を受けて，作業所の品質管理部門に所属していた私は，高瀬ダムの安全性の検証に昼夜を徹して携わることになった．調査を進めるにつれて，ティートンダムの決壊原因は建設前から指摘されていた基礎地盤の透水であり，亀裂の多い溶結凝灰岩でありながら，その止水対策が不十分であったことが明らかになった．

この事故を契機として，ロックフィルダムにおける基礎地盤掘削以降の止水対策が強化されたことは言うまでもないが，私が痛切に感じたのは，その本質は自然への畏怖が薄れ，技術に対する過信が引き起こした事故であり，自然と人間の「適切な関係」を失った悲しき教訓として今でも脳裏に焼き付いている．そして，ものづくりの品質向上はもちろんのこと，仕事そのものの質を高めていく必然性に加えて，インフラ建設の失敗は，尊い人命と社会の安全・安心を奪う結果となりかねないため，「失敗を恐れずチャレンジする」側面とは異なる「失敗が許されない」局面があることを教訓として学んだ．

2.2 品質不祥事の再発防止に向けて

近年繰り返されている品質不祥事が“品質立国日本”の信頼を大きく揺るがしている．この状況を看過することなく，危機感をもって再発防止に向けた取り組みを進めるべく 2018 年 2 月 21 日に緊急シンポジウムが開催された．

このシンポジウムは，一個人，一企業，一団体，一学会の範疇を超えて，「横串を通した総意」を社会に発信するために，日本科学技術連盟，日本規格協会，日本品質管理学会の共催，さらには経済産業省，日本経済団体連合会の後援を得て行われた．品質マネジメントの推進による社会への貢献を標榜する組織が品質不祥事の再発防止に向けて社会に対する説明責任を果たすとともに，志を同じくする多くの方々と品質マネジメントの本質的な価値観を共有する機会となった．

本節では，品質不祥事の再発防止に向けて，緊急シンポジウムで学び得た情報をもとに，品質問題が発生する原因とその対策について触れたい．

2.2.1　重大品質事故・不祥事の歴史

過去 20 年間で，わが国の企業・組織が社会を揺るがした品質不祥事を表 2.1 に示す．

表 2.1 から重大な不祥事は数年置きに発生していることが読み取れる．そして，不祥事が発生するたびに原因調査が行われ再発防止が提唱されるが，世代が移り変わるにつれて記憶が薄れ，経済界全体への定着が困難であることを歴史が物語っている．

次に，不祥事は，製品・サービスの欠陥により事件・事故に至ったケースと，製品・サービスそのものの品質は問題ないが，改ざん・偽装などの行為が社会の不信を招いたケースに大別される．後者は，品質問題ではなくコンプライアンスの問題ととらえる見方もあるが，本書ではすべて品質問題として扱う．

表 2.1 日本の企業・組織が関わった主な品質不祥事（1999～2019年）

1999年	・臨界事故
2000年	・自動車メーカーのリコール隠し ・食品メーカーの食中毒事件
2002年	・食品メーカーの牛肉産地偽装 ・銀行統合に伴う大規模システム障害
2005年	・構造計算書偽造 ・湯沸器メーカーの不正改造に起因した死亡事故
2007年	・牛肉ミンチの品質表示偽装 ・菓子メーカーの消費期限偽装 ・料亭の産地偽装，賞味期限偽装
2015年	・杭打ち工事データ改ざん ・免振装置データ偽装 ・エアバック欠陥
2017～2018年	・自動車メーカーの無資格検査 ・素材，部品メーカーの品質データ改ざん（免振ダンパーなど）
2019年	・賃貸住宅管理会社施工物件の建築基準法違反

顧客や社会の信頼を失墜する逸脱行為は，1.1節で述べたように品質問題そのものといえる．「製品そのものの品質には影響がないので逸脱行為をしても問題はない」では顧客や社会から認められず，社会の公器としての責任を果たしていない現実を私たちは真摯に受け止める必要がある．

2.2.2 品質不祥事はなぜ発生するのか

(1) トラブル・事故の原因

一連の品質不祥事の背景には複雑な要因が潜んでいると考えられ

るが，中央大学の中條武志教授はトラブル・事故の原因を系統的に示している（図 2.1 参照）.

トラブル・事故は「技術不良」と「管理不良」に大別され，社会問題化しているデータ改ざんは，「管理不良」に位置付けられる．管理不良は悪意の有無で分類されるが，最近は「悪意のないノウハウの逸脱」が増えている傾向にあり，近年の品質不祥事は，いわゆる「まあ，いいか」が大きく影響していると考えられる．したがって，「まあ，いいか」がなぜ生じるのかを紐解き，対策を講じる必要がある．

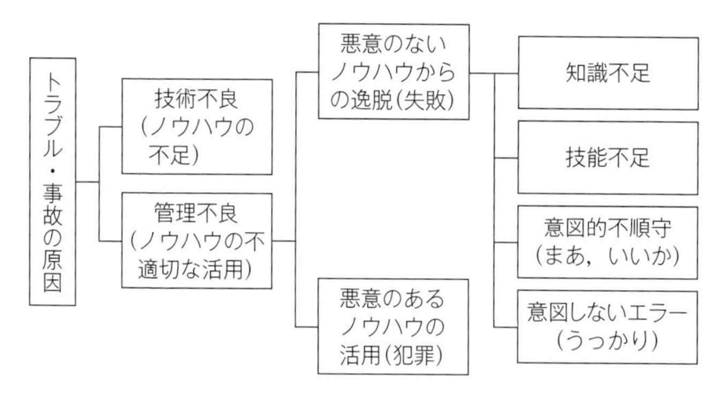

図 2.1　トラブル・事故の原因

［出典　緊急シンポジウム実行委員会(2018)：緊急シンポジウム"品質立国日本"を揺ぎなくするために～品質不祥事の再発防止を討論する，品質，Vol.48, No.2, p.34］

(2)　情報の改ざん・隠蔽のメカニズム

正常な組織は，上位の管理者から下位の担当者へ権限移譲がなされ，業務を効率的に進めているが，時間が経過すると上位管理者は責任範囲から次第に切り離され，上位管理者には責任の意識が薄れていくという傾向が見受けられる．そして，問題が発生した場合は，下位の担当者は自己の責任・権限の範囲で何とかしようとしてしまい，その結果として改ざん，隠蔽に至ってしまうことがある(図2.2参照)．

年月をかけて醸成されてきた，職場特有の社会の一般常識から逸脱した常識，いわゆる「タコツボ状態」が，長年実施してきた行為を今さら否定できず，また他部門は口を出さないという状態に至ってしまう．

また，上位管理者は，自分が対処することが必要であるという認識が薄くなり，必要な処置をとらなくなる．

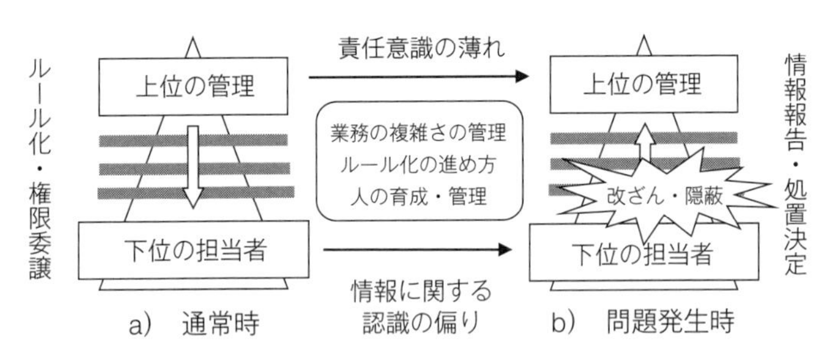

図 2.2　情報の改ざん・隠蔽の発生メカニズム
[出典　中條武志(2004)：組織における不適切な人間行動とそのリスク評価，信頼性，Vol.26, No.7, p.627]

2.2.3　意図的不順守を防止するために――品質マネジメントの組織的推進

(1)　推進者の役割

品質マネジメントを推進する部門には，経営層に対して品質マネジメントの重要性を訴求し続ける熱意と行動が求められる．そして，そのためにスキルを磨き，有用な情報を外部から得て，自組織の状況に見合う方策を立案し，経営層に提言することが必要である．また，長年にわたり品質マネジメントに尽力してきた推進者が，不祥事の責任をとって退任してしまう，あるいは，定年退職してしまうケースも散見される．長年にわたり培ってきた品質マネジメントに関する知識と経験を無にしてはならず，企業の損失になる．彼らには，今の時代にこそ，問題の再発防止，自社の品質マネジメントの再構築，次世代の人づくりに向けて，持てる力を最大に発揮していただきたい．

(2)　担当者の役割

そして，職場第一線の担当者も，経営層や推進部門任せではなく，自ら問題を発見し，解決していくスキルを磨き，行動し続けることが求められる．その際には，部分最適ではなく，お客様の価値のために，社会のために，という全体最適の考え方をもつことが重要である．

以上のように，経営者任せ，推進者任せ，担当者任せではなく全員参加となるように，各々の立場で行動することが品質マネジメントの組織的推進への第一歩となる．

(3)　経営層の役割

そして，全員参加による組織的推進を前提としつつも，経営層の関心の薄れ，さらには経営層のリーダーシップの欠如が，一連の品質問題に共通する本質であると私は思う．問題を起こさせないための「ひと」を育てるのも，「しくみ」を構築するのも，経営層のミッションである．経営層の担当者任せ，無関心は，品質マネジメントを形骸化させると同時に，「ゆでガエル化」の要因となる．積み重ねた信頼を失うのは一瞬であり，信頼回復には多大な時間と労力を要する．したがって，経営層は，品質マネジメントを経営戦略の基本と考えなくてはならない．

2.3　品質マネジメントの体系化

品質マネジメントを組織的に推進するためには，事業の流れにもとづき，各部門の役割と活動のしくみを体系的に構築することが必要である．図2.3に，品質マネジメント体系図の例を示す．

図2.3の特徴として，小集団改善活動の活用が挙げられる．「トーク30」「アイズ20」などのツールボックスミーティングに加えて，協力会社会のQCサークル活動，さらには本支店の多分野のスタッフが参加してクロスファンクショナルな課題達成活動を行うDRなどのしくみを構築して，品質マネジメントを組織的に推進している．また，事業の源流段階で不具合を防止できるように，事業プロセスの要所にDRを設定している．

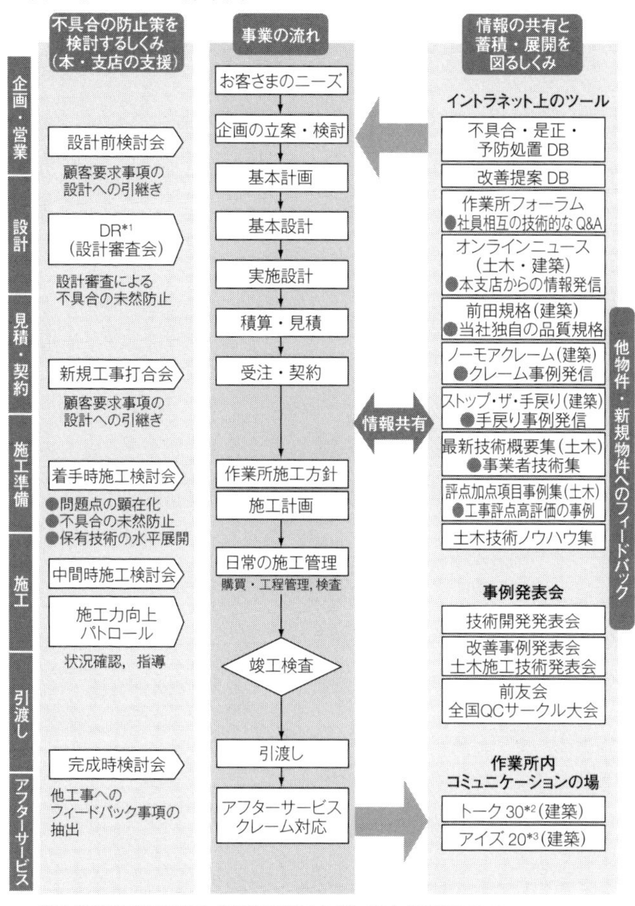

図 2.3　品質マネジメント体系図の例（簡略版）

トピックス2

ダム現場から得た学び

1972年に前田建設に入社して以来，通算33年間の現場生活で，私は6つのダム建設に携わった．そして，今でも現地に行けばその圧倒的な姿を目にすることができ，いつ頃のどのような仕事であったか，当時の生活も含めて様々な思い出が蘇ってくる．建設構造物は何らかの社会的意義を持っているが，ダムづくりの一番の魅力は社会に貢献する建造物を作っているという矜持を得られることである．膨大な費用と時間，労力を超える大きな社会的目的があり，自らの手で完成させることで社会に貢献するという達成感と満足感を味わうことができるのである．

社会インフラは，「社会に価値を生み出す公益財」ともいえる存在であるため，失敗は許されない．もしダムが決壊すれば，その被害は甚大である．ゆえに，真剣に勉強して，心底納得した上で仕事を進めることが肝要である．

建設工事は安全と品質を最優先としている．それを学んだのが，最初に赴任した現場「高瀬ダム」である．完成当時（1979年）は，ロックフィルダムで東洋一の規模を誇った．私は3か月の建設機械研修を終えて，品質管理部門に配属され，3年目からは品質管理の責任者を任された．大変なプレッシャーを感じながら毎日が無我夢中で設計の考え方から材料の在り方など，本質的で俯瞰的な技術を学んだが，1976年に米国のティートンダムが決壊するという不幸な事故があり，それを教訓にして品質と安全にこだわることが技術の発展につながることを学んだ．品質を確保するためには，どれだけ大きな構造物であっても仕事の流れを細分化し，パーツに分けて考えることが求められる．各パーツでどうすれば最適な仕事ができるのかを突き詰めて考える．最小単位のパーツの「品質第一」を考えることで，全体的にも優れた品質が得られる．

高瀬ダムの次の玉原ダムでは主に盛立や採石場の総合管理を担当し，1982年にはバタンアイダム（マレーシア）に着任した．この現場はメインダムに加えてサドルダムが三つあり，サドルダムの役割は，メインダムの湛水範囲が広いことから生じる周辺の沢からのオーバーフローを防止することにある．私はサドルダムの一つを任され，ダム施工の総合管理を勉強した．1985年には土木課長として八汐ダムに，1991年には所長代理として上日川ダムに，1997年に最後の現場である南相木ダムに所長としてそれぞれ着任した．現場ごとに仕事の内容は異なり，求められる技術もさまざまで，役職ごとに仕事の責任範囲が異なった．

考えてみれば，行く先々の現場で技術はもちろんのこと，経理や人事，営業活動，情報管理，リスク評価，自然環境や地域社会との関わり，企業の社会的責任など，数多くの経験を得ることができた．中でも作業所長になると，現場という総合プロジェクトを俯瞰的にマネジメントする．この経験は会社経営にも活きた．

このように，会社生活におけるあらゆる仕事が自分を高めてくれる源泉となった．与えられたポジションで学ぶという真摯な姿勢を心掛けながら，プラスアルファとして教養も身に付ければ，自らの力量も高まり人生も豊かになると実感している．

第3章 ESGのクオリティ

本章では，ESG，すなわち「環境（Environment）」，「社会（Social）」，「ガバナンス（Governance）」のクオリティについて解説する．

なお，社会的責任の観点で，「安全」のクオリティについても本章に分類する．

3.1 安全——重大災害の再発防止

本節では，前田建設の事例を通して，安全のクオリティについて考察する．

(1) 事故を繰り返す企業体質の改革

私が前田建設に入社した1972年は，「列島改造論」にもとづき，新幹線，高速道路の整備をはじめとして建設業界は活況であったが，その背景で現在と比べて事故も多かった．

前田建設では，1978年に山形県の農業用トンネル工事において，メタンガスが爆発し，尊い9名の方の命が奪われた．その翌年には，上越新幹線の大清水トンネル工事において16名の死亡事故を起こし，会社存亡の危機に直面した．そして，事故を繰り返す企業体質への危機意識が契機となり，1983年にTQM（当時は

TQC）を導入した．

（2）　日本国内の死亡事故の推移

1960年代は，全産業では，毎年6 000人前後の死亡事故が発生していた一方で，建設業は毎年2 400人前後の方々が労働災害により亡くなっていた．そのような状況の中で，1972年に労働安全衛生法が制定され，急激に死亡事故が減ったが，建設業は，約800人減少したものの全産業に比べて減少の幅が低かった（図3.1参照）．

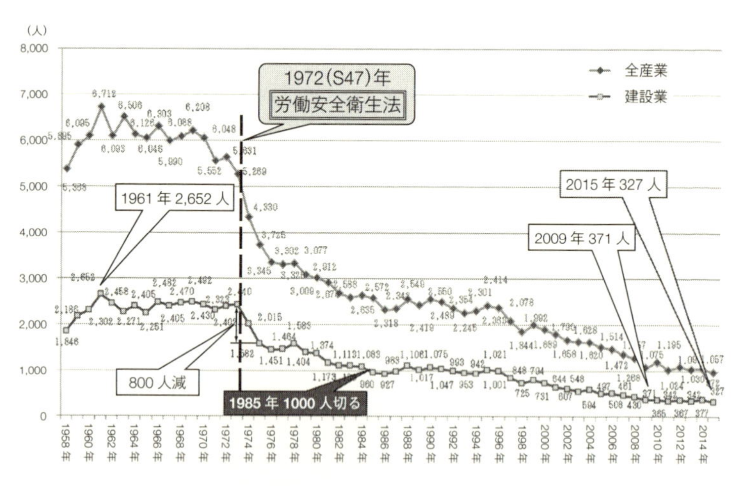

図3.1　日本国内の労働災害による死亡者の推移
（厚生労働省の統計をもとに作成）

（3）　前田建設の死亡事故の推移

前田建設の死亡事故の推移について，労働安全衛生法制定前は，多い年は30人を超える死亡事故が発生していた．1979年が突出しているが，これは前述の大清水トンネルの死亡事故があった年である（図 3.2 参照）.

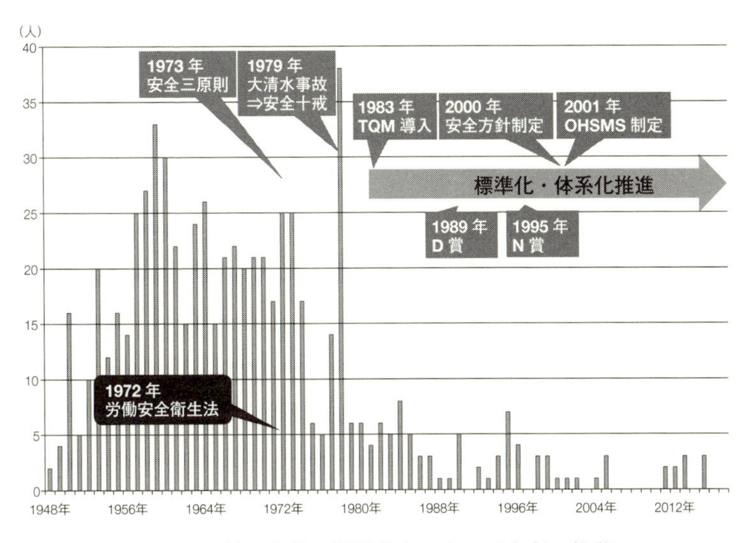

図 3.2　前田建設の労働災害による死亡者の推移

(4)　安全衛生基本方針の制定

労働安全衛生法の制定に伴い，前田建設は「安全三原則」を制定した．安全三原則とは，「整理整頓の徹底」「作業前打ち合わせの確実な実施」「服装は端正に」であり，基本的な方針として位置付けている（図 3.3 参照）.

続いて，1980 年に制定された「安全十戒」は，建設業において事故を起こす主要な要因を示している．筆頭には，大清水トンネル火災事故を教訓として「火を使うときの対策はよいか」を挙げ，火災について注意喚起している（図 3.3 参照）.

安全衛生基本方針

役員並びに関係者が一体となって，安全衛生管理の仕組みに従い，法令はもとより関連諸規定を遵守し，次の2項目を基本とした健康で安全・安心な事業活動を遂行する.

① 安全三原則（1973年制定）の遵守

「安全三原則」を最重点実施事項とした災害防止対策を一人ひとりが徹底する.

○整理整頓の徹底　○作業前打ち合わせの確実な実施　○服装は端正に

② 安全十戒（1980年制定）を基本とした災害防止

「安全十戒」を基本とした危険有害要因の予測を行い，作業に即応した災害防止対策を徹底する.

1. 火を使うときの対策はよいか
2. 高所作業中や開口部からの墜落防止はよいか
3. クレーン等の転倒防止，玉掛けはよいか
4. 鉄骨，足場などの倒壊のおそれはないか
5. 重機，車両に人が接触するおそれはないか
6. 上部作業の下方立入禁止はよいか
7. 落石，地山崩壊，出水に対して油断はないか
8. ガス，酸欠の発生を予見したか
9. 第三者，埋設物への配慮はよいか
10. 臨時，突発作業の対策はよいか

図3.3　安全衛生基本方針

安全十戒をもとに危険有害要因の予測を行い，作業に即応した再発防止対策を徹底している．さらに，朝礼時には，当日の作業で安全管理上最も重要と考えられる項目について全員で唱和する．例えば，主な作業が鉄骨建方の場合，「鉄骨，足場などの倒壊のおそれはないか」に加えて，クレーンを使用するため「クレーン等の転倒防止，玉掛けはよいか」を唱和し，危険に対する認識を統一している．

(5)　安全を最重点としてTQM導入

さらに，1983年にTQMを導入した．当時の重点活動の筆頭は，「重大事故根絶のための安全管理活動」であり，安全管理の強化を最優先の課題と位置付けた（図3.4参照）．

そして，QCの概念・手法を活用して安全管理を強化した結果，

死亡災害は大幅に減少した（図 3.2 参照）．

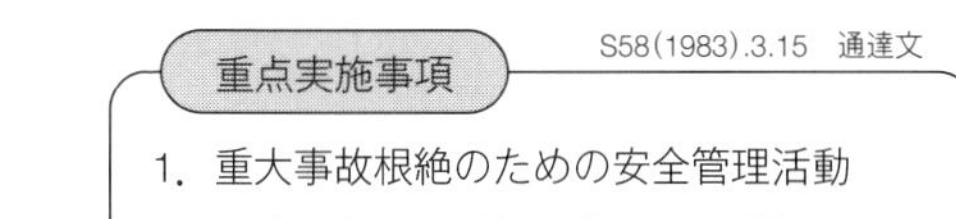

図 3.4　TQM 導入時の重点実施事項

(6)　TQM で構築した PDCA の主なしくみ

TQM 導入後，様々なしくみを取り入れたが，現在も継続している主要なしくみは，「方針管理」「DR」「不具合」「改善提案」である（図 3.5 参照）．

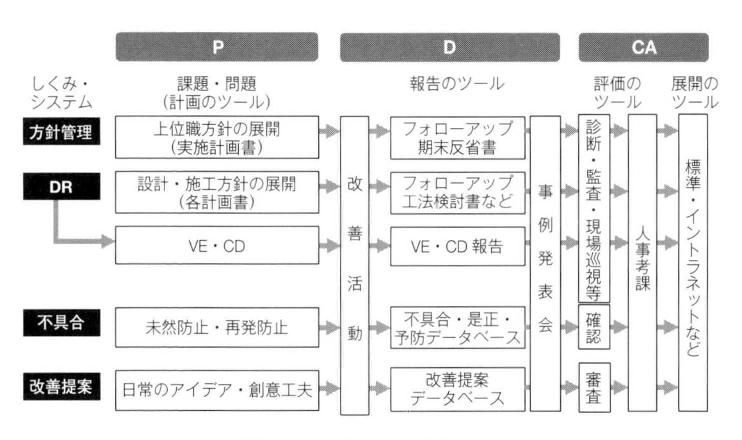

図 3.5　TQM の主なしくみ

(a)　方針管理

「方針管理」の例を図3.6に示す．次年度の方針策定に当たり，社長方針の一つに，「すべての役職員が当事者意識をもち，危険認識と不安全行動防止を率先して実行し，重大災害を撲滅する」を打ち出している．続いて，本部長，支店長が社長方針を達成するために，期末反省の分析結果にもとづき「職員の危険予知能力向上」「作業手順の形骸化防止」「重機車両災害の防止」「経験の浅い作業者の災害防止」などの方針を策定する．これらの方針を具現化するために，本支店の部長は，「新入社員への体験型研修の導入」「安全理解度テストの実施」「安全パトロール書式の見直し」などの施策を立案し，職場の第一線で実施する．

続いて，上記の課題達成状況を社長ヒヤリングにおいてレビューする．事例では，「経験の浅い作業員の災害発生状況把握が不十

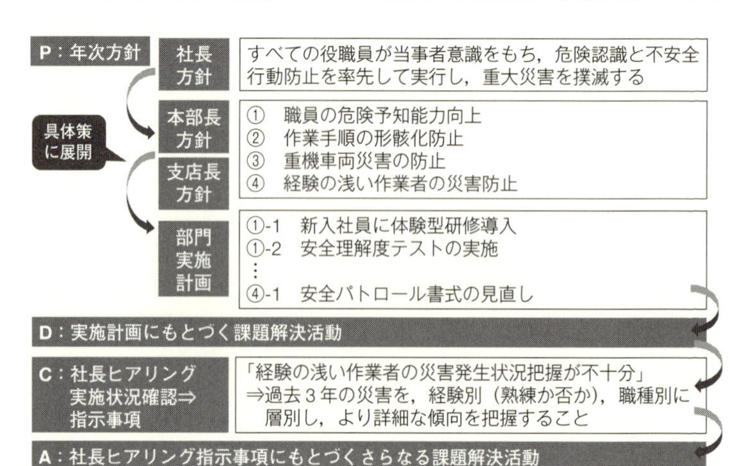

図3.6　方針管理の例（安全）

分」とコメントし，「過去3年の災害を，経験別（熟練か否か），職種別に層別し，より詳細な傾向を把握すること」と指示を出している．そして，経営層によるレビューの結果にもとづき，次なるアクションを進めている．

(b)　DR（施工段階）

「DR（施工段階）」の例を図3.7に示す．

一つの工事が着手する際に，必ず施工検討会を実施している．支店の主管部門，安全部門，環境部門などの関係者が現場に集い，現場の職員とともに検討会を実施する．大型現場などは，本店からも関係者が参加する．

例えば，高層の建築物を建てる際に，支店は「墜落・飛来・落下災害防止」を重点課題として指示する．この課題を受けて作業所は，「作業手順の事前確認と周知徹底」「有資格者カードによる資格者確認，安全意識向上」「現場巡視強化による危険要因の排除」などの安全管理対策を施工方針に掲げる．

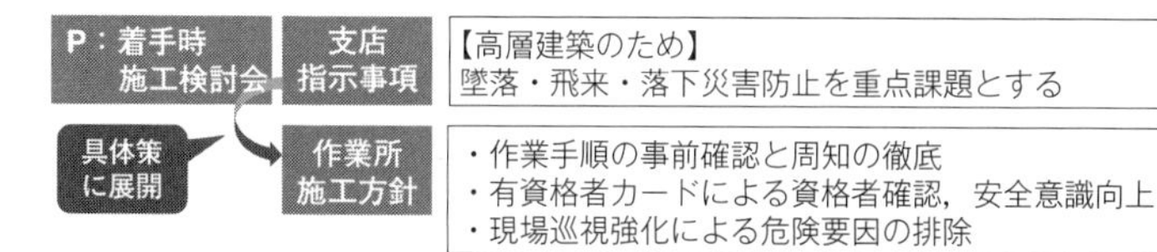

図3.7　DR（施工段階）の例（安全）

そして，工事の進捗率が中間時に差しかかった段階に，施工検討会を開催し，実施状況を確認するとともに，工事の進捗に応じて新たな課題を設定し，さらなる改善を進める．

(7)　SDCAの主なしくみ（作業手順書）

作業手順書の例を図3.8に示す．

作業手順書にもとづいて日々の作業を行う．例えば，鉄骨を建てるとき，トラックで鋼材を運んで来る段階から手順を記載する．続いて，その鋼材をどのようにトラックから降ろすのか．降ろした鋼材をどのように立てていくのかといった一つ一つの作業に対して，手順を明文化する．そして，トラックから鋼材を降ろす際に発生する可能性がある災害を想定し．安全管理対策の要点を記載する．

作業手順書は，実際に作業をする人々が作成する．例えば，数人の班では，職長が作業手順書を作成し，職長が作業者に説明して，作業者全員が，作業手順書にサインをしてから作業を開始する．

作業手順書作成のポイントを図3.9に示す．頭の中でその作業を行うことで，過去の事故の再発防止対策，さらには危険要因への未然防止対策をシミュレーションし，手順書に反映する．

そして，作業手順書にもとづいて実際に施工した際に問題が発生した場合は，作業手順書を見直すことが重要である（図3.10参照）．また，事故報告を受けた際には，「標準化フロー」（図1.11）により分析の上，標準を見直す．

【 手順書をみんなで守って不具合・災害の絶滅 】

作業手順書	(単位)作業名	荷取り作業	作業手順作成区分	Ⓐ B
	作業期間	平成25年 5月10日 ～ 平成25年 5月16日		

支店名	○○支店	作業所名	△△作業所
施工業者名	□□建設(株)		
担当職長名	前田 太郎		

確認	担当職員及びその上位職者の2名 ☆1 ・ ○○ ○○ ・ △△ △△	作成	(所属・氏名) □□建設(株)前田 太郎 (年月日)平成25年 5月 7日

親作業名：PC版取付け作業

作業期間：平成25年 5月10日～平成25年 5月24日

親作業フロー（枠内は主な単位作業で表示、当単位作業は実線枠で表示）：荷取り → 据え付け → 固定 → → → →

(安全設備・保護具) 安全帯、無線機、介錯ロープ、親綱

(予想される不具合・災害)
・トラックが動き出して轢かれる。
・PC版がトラックから落ちる。
・荷吊り、旋回中にPC版が落ちる。

(主な使用設備・機械) 80tクローラクレーン

(主な使用工具・機器) レバーブロック、バール、吊治具、チェーンブロック

(主な使用材料) PC版(2t)

(再発防止事例集等からの展開：事例No.) 再発防止事例集 No.2009-23 ☆3

周知記録：本作業手順に従い作業します。(立会職員署名) △△ △△ ☆2　(署名) △△ △△　(改1)平成25…　(年月日) 平成25年

改訂：第1回 平成25年 5月10日　＊改訂内容は本文朱書きで追加記入する。変更した担当者名も記入

(必要資格) 移クレーン、玉掛け、〃、〃　(保有者名)

1サイクル確認（A区分・新工法）	(担当者氏名) ☆4	作業手順 立会い実施内容 ☆5	作業手順の問題点の聞き取り結果 ☆6	聞き取り… ☆7
平成25年 5月10日	△△ △△	PC版搬入車両の場内誘導から、2台目の荷取り作業まで立会い実施	運転手が荷台で、端角の片づけ作業を並行して行っていたので、ヒヤリとした。	運転手は玉掛け作業をしないだけでなく、荷台上の材料がなくなるまで運転席で待機してもらう。

要素作業の順序	予想される事故・災害	可能性	重大性	評価	危険度	事故・災害防止の要点／品質等達成の要点
		△	△	3	△	
2. トラックを所定の位置に停める。	・[傾斜地]に停めたトラックが動き出す。	△	×	4	○	
						・エンジンを止め、サイドブレーキをしっかりかける。
						・車輪に歯止めをかます。
3. トラック荷台の固定用ロープを外す。	・[無理な姿勢]の作業で荷台から転落する。	×	△	4	○	・固定ロープを無理に引っ張らない。
						・アオリ板の上に立たない。
	・[手元を見ず]にレバーブロックを操作し指を挟む。	△	△	3	△	・レバーブロックをしっかりと固定し、手元を見ながらゆっくりとロープを外す。
改1	・運転手が[荷台]で片付け作業をして転落する。	×	○	3	△	・荷台での玉掛け作業中は、運転手は運転席で待機してもらう。
4. PC版の玉掛けをする。	・[外れ止め不良]でフックが外れる。	△	×	4	○	・フックの外れ止めをチェックする。
						・ロープの張力を緩めない。
	・埋め込み鉄筋の[強度不足]で抜ける。	○	×	3	△	・埋め込み鉄筋の埋め込み部を目視で点検する。
						・玉掛けワイヤーを目通しする。

留意事項：地形・地質・設備・行動・機械・[材料]・整備・点検・[資格]・免許・健康・年齢・時間・天候・公害・第三者・[連絡調整]

注1：「予想される事故・災害」の危険有害要因を □ で囲み、リスクレベル(危険の大きさ)に応じて◎、○、△を付ける。
注2：リスクレベル(危険の大きさ)は災害が発生する可能性と発生した場合のケガの程度により決める。
注3：☆1～☆7 印欄は、元請けが記入する。(☆2 は、立会職員署名のみ)

《 要点モレのない手順書で不具合・災害を無くそう！！ 》

(作業手順書参考帳票：甲・乙13/5本・安改訂)

可能性＼重大性	軽微(不休災害) ○	重大(休業災害) △	極めて重大(死亡・障害) ×
ほとんど起こらない ○	極めて小さい ○○→1	かなり小さい ○△→2	中程度 ○×→3→△
たまに起こる △	かなり小さい △○→2	中程度 △△→3→△	かなり大きい △×→4→○
かなり起こる ×	中程度 ×○→3→△	かなり大きい ×△→4→○	極めて大きい ××→5→◎

図 3.8　作業手順書の例

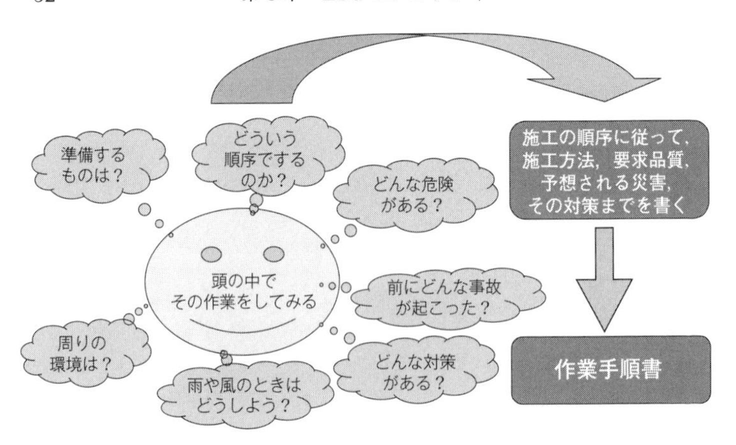

図 3.9　作業手順書作成のポイント

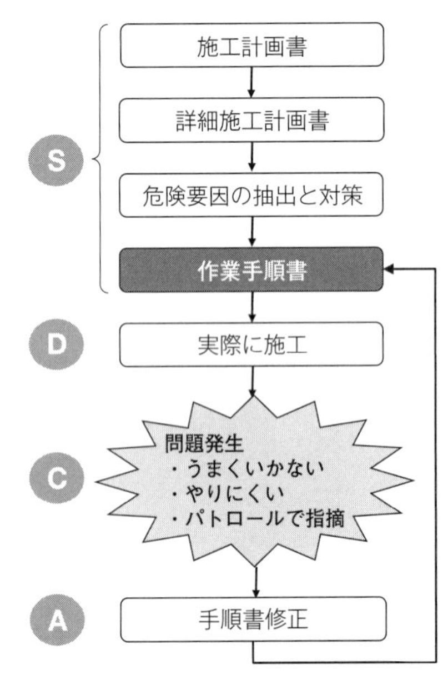

図 3.10　作業手順書の SDCA サイクル

(8) 労働安全衛生マネジメントシステムの構築

2001年OHSMS(Occupational Health & Safety Management System)を制定し,労働安全衛生マネジメントシステムとして体系化するとともに,経営層,本支店,作業者の役割を明確化した(図3.11参照).

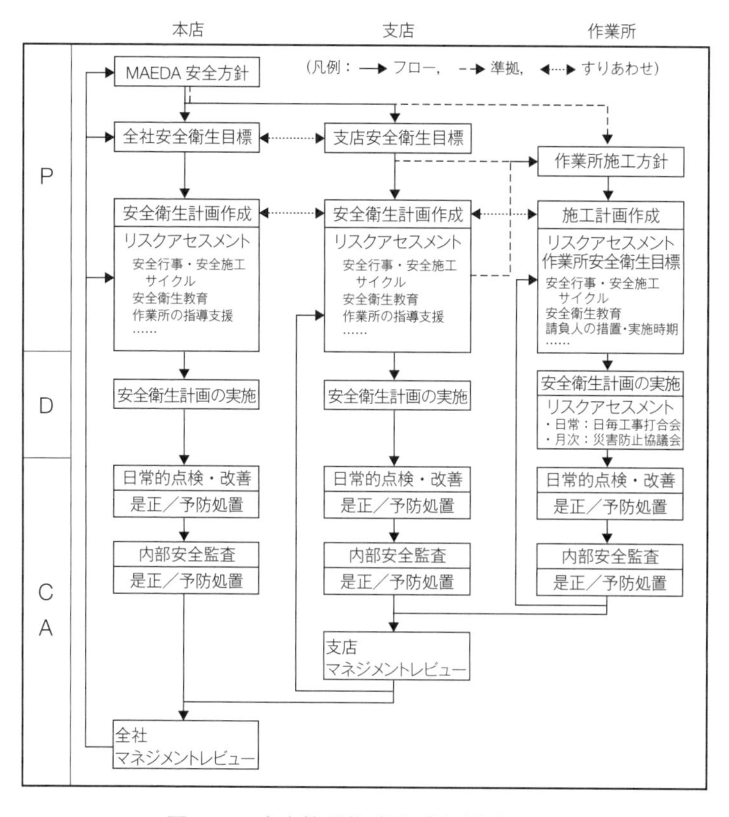

図3.11 安全管理体系図(簡略版)の例

これに先立ち，2000年には安全方針を制定した（図3.12参照）．

「安全は，会社の良心である」を安全行動の基本理念とする．
　生命・健康を守るという「人間尊重」の精神は，一人ひとりの努力によって積み重ねるものであり，与えられるものではない．
　良心にしたがい，社会の倫理である災害防止活動を，全社一体となって遂行し，安全な職場と快適な作業環境を創出する．

図3.12　安全方針

(9)　基盤戦略としての安全のクオリティ

前田建設の重大災害再発防止への取り組みを総括すると，安全十戒に象徴されるように，基盤戦略として「基本」を徹底するべく，マインドを全員で共有し，次世代へ伝承していくことが大切であると改めて実感している．そして，PDCAサイクルを回して改善活動を推進し，SDCAサイクルを回して標準を遵守する．これらの活動は，職員だけでなく協力会社と一体になって取り組む必要がある．

そして，作業手順書をグレードアップしながら，常に見直し，組織の力にしていくことが，安全のクオリティの要諦である．

トピックス3

事故を語り継ぐ

建設会社とそこで働く方々の努力にもかかわらず，全国の工事現場で大小さまざまな労働災害が発生している．前田建設においても安全衛生の水準向上に向けて努力し，全社一体で「安全な職場」を作り上げていくことを最優先としているが，事故ゼロという目標は，依然として実現に至っていない．

こうした中，前田建設では，事故の撲滅に向けて，発生した労働災害情報を共有して類似災害の防止を図るとともに，過去の重大災害についても社員に語り継ぐ取り組みを行っている．多数の犠牲者を出してしまった昭和50年代の「トンネル火災事故」「メタンガス爆発事故」については，原因検証や当時の先輩諸氏の言葉をまとめた動画を作成した．事故というものは忘れたころに繰り返されるものである．事故発生から30年以上が経過し，当時の経験者が退社していく中で，その記憶を風化させず若い社員に浸透させたい．そして，社員全員が目に見えないメタンガスの基礎知識を持ち，メタンガス爆発事故の再発防止に努めてほしいと考えている．

また，2007年に前田靖治社長（当時）の発意によりMRT（Maeda Rescue Team）を立ち上げ，積極的に災害防止を図る社員を育てる活動を行っている．今まで経験してきたトンネルでのガス爆発や坑内火災，新築中の建物火災などの教訓を踏まえ，事故の未然防止を目的として，災害発生時に的確な状況を判断して捜索や救護活動を行う実施訓練や研修を実施している（図3.13参照）．

これからも上記を含めたさまざまな取り組みの積み重ねを通じて，社員一人ひとりが「自らの行動が安全衛生に与える影響と責任」を自覚し，「安全は，会社の良心である」という「MAEDA安全方針」の基本理念のもとに，全社を挙げて安全管理に誠実・真摯に向き合い，重大災害を撲滅したいと思っている．

図3.13　MRT訓練

3.2　社会・環境――環境経営No.1

本節では，私自身の体験を通して得た地球環境への気づきをもとに構築した前田建設の「環境経営」のしくみに加えて，環境経営の実践により培われた「社会的課題」への取り組みについて紹介する．

(1)　人生観を変える体験

その瞬間，人生観が変わる――そのような景色や場面に出合う経験は，誰にでも一度はあると思う．私には忘れられない三つの景色があり，記憶に焼き付いている．一つ目では地球の積年の営みのつながり，二つ目は命の連鎖のつながり，三つ目はグローバルな環境と経済のつながり，私はそれぞれ切り口の異なる「つながり」を本能的に直感し，人生観を深める機会に恵まれたのである．

体験① マレーシア・バタンアイダム建設工事 —「社会環境」と「地球環境」の両立—

32 歳の時，マレーシアのバタンアイダム建設工事（図 3.14 参照）への赴任を命じられ，ボルネオ島サラワク州の建設予定地に降り立った．視界全域に広がる熱帯雨林，そしてその中を滔々と流れる赤茶色の濁流．自然が生み出した壮大な景色に，私は圧倒された．

ダム建設により安定電力を供給し，地域の人々の生活水準を飛躍的に向上させるという「社会環境」への貢献に携わる誇りとともに，永い年月をかけて創り上げた自然の営みを可能な限り守り続け

図 3.14 バタンアイダム（マレーシア）

る「地球環境」に貢献することの必然性を同時に直感したことを鮮明に記憶している．

バタンアイダムは，私自身の環境経営への原点であり，プロジェクトマネジメントを遂行するための行動原則を培った，忘れ得ぬ地である．

体験②　ケニア・ナイロビ自然保護区視察
—生命の多様性と連鎖—

経団連自然保護協議会の視察における体験である．ケニア・ナイロビ自然保護区で，私たちのジープの目の前でインパラがハイエナに食べられ，一つの生命が物体へと変わっていくとともに，ハゲタカやジャッカルが隙あらば獲物を奪おうとするシーンを，私は食い入るように見つめていた（図3.15参照）．

そこで私の心を支配していたのは恐ろしさではない．生命とは，

図3.15　ケニア・ナイロビ自然保護区にて

エネルギーとして次の生き物に受け継がれていく連鎖であり，多様性が生み出す力なのだという発見に感動したのである．

体験③　インドネシア・タンジュンバラ視察
—私たちの生活，経済と地球環境の密接な連関—

ダムに限らず開発が自然環境を脅かしている事実も忘れてはならない．私が最も強い印象を抱いたのはインドネシアのタンジュンバラ訪問（2005 年 11 月）に遡る．熱帯雨林で初めてその類人猿を見たとき，「この動物はまさに森という生命体の一部であり，動く植物と表現したほうが適切かもしれない」という感覚を覚えた（図 3.16 参照）．

その類人猿の命そのものである森のすぐ隣で，緑を墨で塗りつぶすように侵食する真っ黒な巨大領域が確認できた．世界最大級の露天掘り炭坑が徐々に採掘範囲を拡大し，彼らの生息地を狭めていた

図 3.16　インドネシア・タンジュンバラにて

のだ（図3.17参照）.

オランウータンが生息する熱帯雨林は資源も豊かであるため，開発の波に飲み込まれようとしている．この地で産出される石炭は高品質で，日本においても大量に利用されている．同様に，東南アジアのプランテーションで生産されるパーム油の主要な輸入国が日本であることを耳にしたとき，私たちの豊かで快適な生活や経済との密接な連関，すなわち私自身も地球環境問題の当事者であることをより深く認識する機会となった．

図3.17　石炭採掘現場

(2)　地球も大切なステークホルダー

2009年，前田建設の社長に就任した際に，「建設業で環境経営No.1と言われる会社を目指す」を中長期ビジョンとして掲げた．その根底となる経営理念に，前述の三つの体験が影響していることは言うまでもない．そして私は，真の環境経営とは何かを自問する際に，まず「地球も私たち企業の大切なステークホルダー」であると明示することから始めた（図 3.18 参照）．これは，事業活動により「悪影響を与える対象」として地球を見るという単純な発想ではない．私たち企業は，地球から石油などの資源やセメントなどの資材を提供（出資）され，それをもとに事業活動を営み，付加価値を生み出している．すなわち，地球は株主と同様に，企業への「出資者」と考えるべきであり，株主と同様に付加価値の一部を配当すべきだということに気づいたのである．

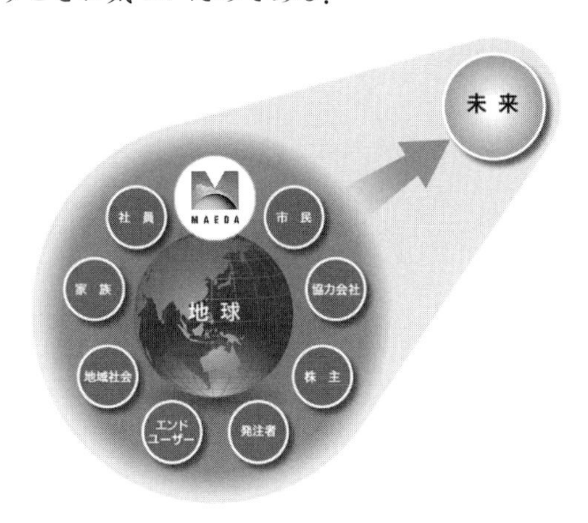

図 3.18　地球も大切なステークホルダー

(3)　地球への配当

この思想を具現化する施策が「地球への配当」である．前田建設は連結純利益の 2％を目安に，地球環境への寄付などに「配当」として拠出することを決めている．我々は営利企業であると同時に，企業市民でもある．事業を通した CO_2 削減等による貢献に加え，事業外での地球環境への貢献を付加価値配分という経済価値でコミットし，社会に公開していくことは，「環境」と「経営」との真の融合に向けた大切な一歩と考えている．

(4) ecoチャネルの構築

先に挙げた体験の中で，私はさまざまな人との出会いも経験した．バタンアイダムの現場ではマレーシア人はもとより，インドネシア人，中国人，インド人など，民族や宗教などの異なる技術者や作業員と共同で事業を遂行した．そこでは，文化の多様性を相互に認め，連携して課題を解決していくことの重要性を学んだ．

インドネシアでは，オランウータン研究の権威・鈴木晃先生やご家族にお話を伺うことができた．現地に居を構え，生涯をかけて一つのことを追求するという生き方に，感動を覚えずにはいられなかった．同時に，人間一人の強い意志と継続的な行動が賛同する人々の連携の輪をつくり，それが世界を動かす原動力にもなりうることを教えていただいた．

私は，地球規模の環境問題の解決においても，基本的には一人ひとりの「意識」，そして互いの信頼にもとづく「連携」した多様な行動，この2点にかかっていると考えている．

(5) 「地球への配当」の主な施策

「地球への配当」の主な施策を図3.19に示す．

(a) MAEDAグリーンコミット

「地球への配当」においても，NPO等に寄付を拠出する際のプランとして，上述の2点に重点を置いた総合計画「MAEDAグリー

理念　地球も MAEDA の大切なステークホルダー

「地球への配当」（連結準利益の 2%を基準に地球環境保全活動に拠出）

MAEDA グリーンコミット	MAEDA エコポイント制度 Me-pon	MAEDA SII （Social Impact Investment）
企業として NGO・NPO 等の環境活動に寄付・投資実施	個人（全社員・家族）を含めた全生活領域で環境活動を推進	環境・社会ベンチャー企業などへの出資を通して社会的課題解決に貢献

図 3.19　「地球への配当」の主な施策

ンコミット」を策定した．子どもたちへの環境教育，森林整備による CO_2 削減，エコロード等の生物多様性貢献，国際的環境支援など，多様な非営利活動に対してバランスのとれた寄付を行うとともに，寄付先の NPO 等と一緒に，できる限り社員や家族，子どもたちが参加できる計画を目指している．私が視察などを通してさまざまな知見を得たように，私たちの活動に参加した子どもたちが自然や命に対する考え方を深める機会となれば，これに勝る喜びはない．

(b)　MAEDA エコポイント制度「Me-pon」

前田建設は，全社員・家族を含めた全生活領域で環境活動を推進している．「Me-pon」は個人の環境活動（エコアクション）への取り組みを応援・推進するためのしくみであり，対象を社員だけでなく，家族にまで広げていることを特徴としている．「Me-pon」は「Maeda eco-point」の略であるが，さらにエコアクションは地球環境のみならず，結果的には私たちのため，「for Me point」なのだという思いと意味も込めている．

「Me-pon」の運用フローを図 3.20 に示す．まず社員本人や家族

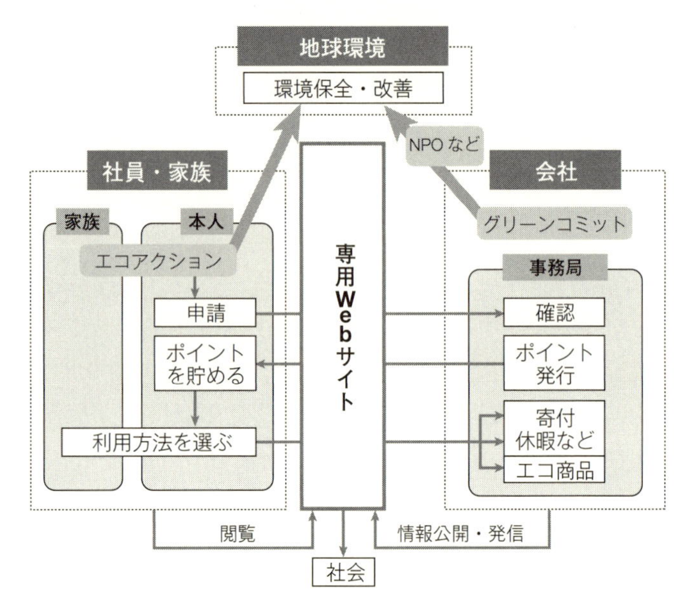

図 3.20　「Me-pon」の運用フロー

が，所定のエコアクションを行う．その後のエコアクション参加登録やそれに対するポイント付与，貯まったポイントの確認，商品交換などはすべてMe-ponホームページを通じて行っている．

(c)　MAEDA SII（Social Impact Investment）

地球への配当の一環として設立したMAEDA SIIは，環境・社会ベンチャー企業などへの出資を通して地球環境をはじめとした社会的課題解決への貢献を目指すスキームであり，事業そのものでの地球環境への貢献を異業種企業とのオープンイノベーションにより実現することを志向している（図3.21参照）．

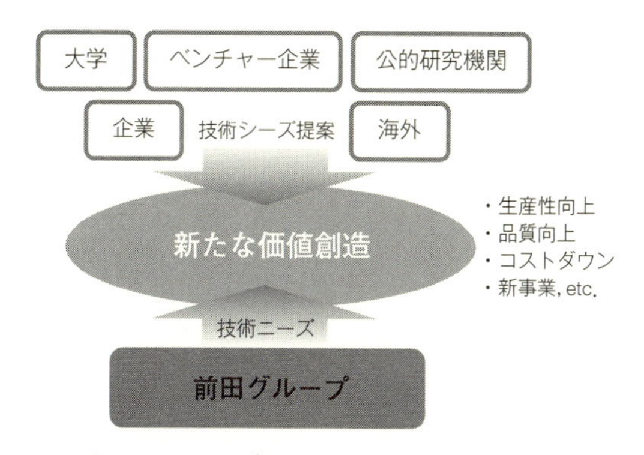

図 3.21　オープンイノベーションのしくみ

(6)　環境経営を基盤として CSV 推進

先に述べたように，2009 年，前田建設は「最も信頼される企業」になるため，社会的課題，地球環境問題の解決を自らの責務とし，「環境経営 No.1」を同業他社に先駆けて導入した．その際「地球」を MAEDA の大切なステークホルダーと位置付け，また翌年にはステークホルダーの概念に時間軸を導入し，「未来から信頼される企業」になることを宣言した．「未来から信頼される企業」とは「持続可能な開発」に合致した事業活動を行う企業を意味している．「持続可能な開発」の実現には環境だけでなく，経済，社会の三側面が調和し「人間らしい雇用」「強靭なインフラ／都市および人間居住」「マルチステークホルダー・パートナーシップの強化」も目標であることが国際的な認識となった[10)]．

そして 2016 年，前田建設は環境経営，CSR・コンプライアンス経営，TQM を基盤，前提として，「CSV 経営」を導入した（図 3.22 参照）．マイケル・ポーター（Michael Porter）らが提唱した

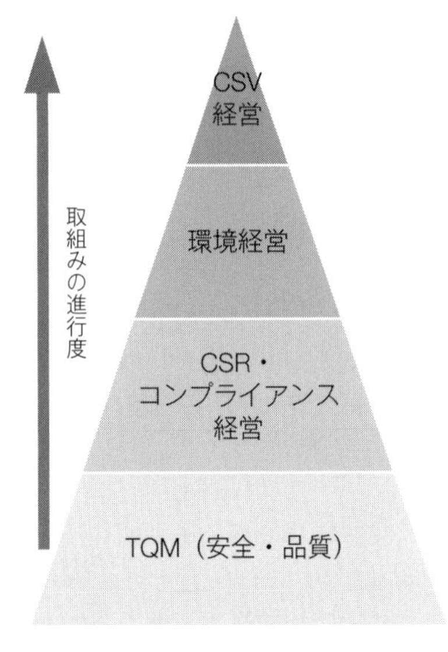

図3.22　CSV経営の位置付け

CSV（Creating Shared Value）は「共有価値の創造」と訳され「本業を通じて社会的課題を解決する」ことにより「社会価値」と「企業価値」を両立させようとする経営である．人類の基盤である「地球」から，当社の基盤である「前田や協力会社の社員」まで，事業発展に伴い，すべてのステークホルダーの満足度が向上する企業を志向している．

なお，一般的なCSVは，企業の事業内容と社会の未解決課題が重なる部分に着目しているが，前田建設が定義するCSV-SS（Creating Satisfactory Value Shared by Stakeholders）では，上記に加えて，社内，特に社員や協力会社の課題も同時解決することを目指している（図3.23参照）．

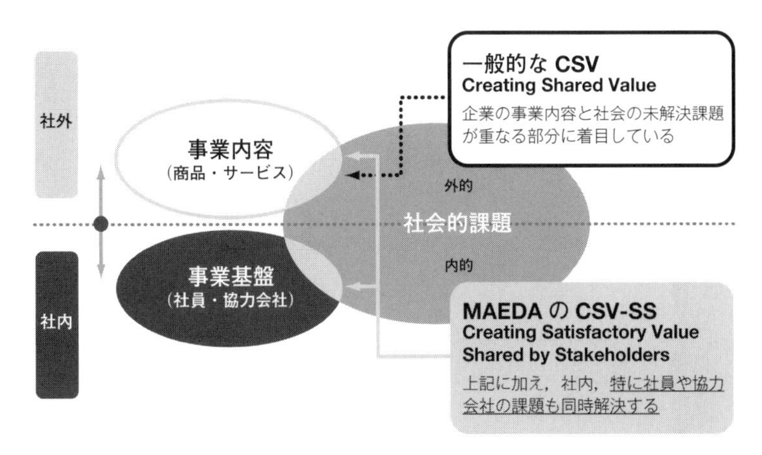

図 3.23　CSV-SS

(7)　戦略としての社会・環境のクオリティ

これまでに述べてきた取り組みを振り返ると，クオリティの本質的な目的の一つである社会のニーズに応えるべく，革新戦略として打ち出した「環境経営」が，時間の経過に伴い基盤戦略として定着するとともに，次なる革新戦略として CSV 経営を導入している．加えて，環境経営を革新戦略として推進することができたのは，ISO 14001 にもとづく環境マネジメントシステムを基盤として構築していたことに他ならない．環境マネジメントシステムにもとづく環境活動の例を図 3.24，建設工事における環境マネジメントシステムの例を図 3.25 に示す．

本節のまとめに先立ち，環境経営の実践を通して学び得た示唆について，再び私自身の体験を紹介したい．前述の体験①〜③は環境経営に至る動機としての体験談であるが，次の体験④，⑤は環境経

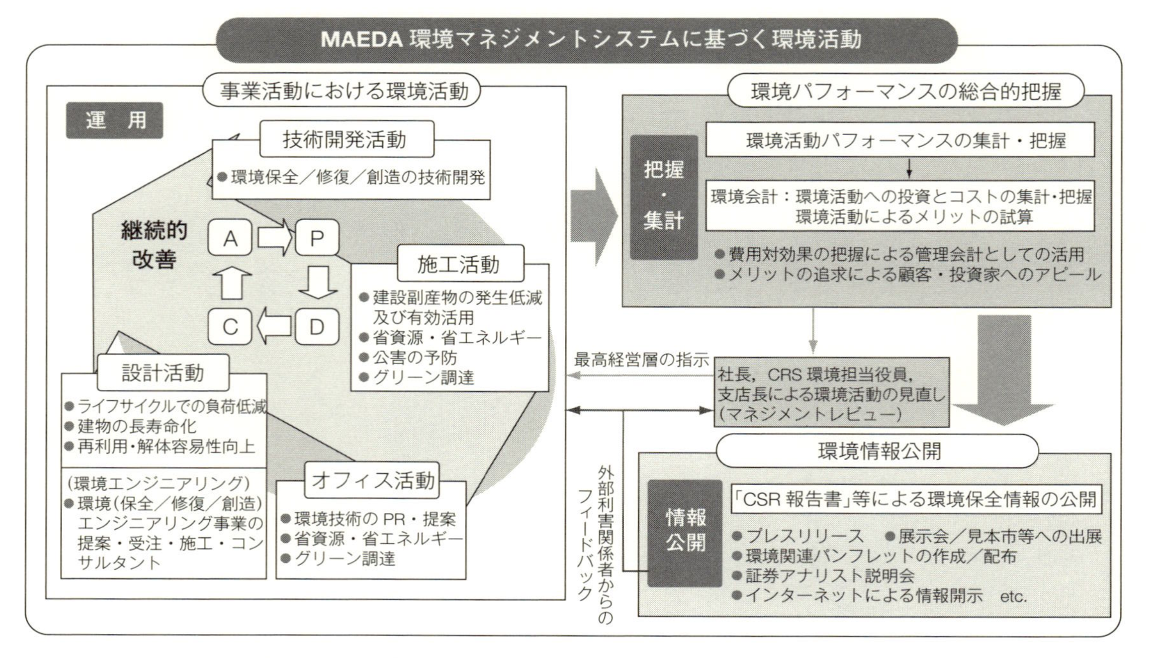

図 3.24　環境マネジメントシステムにもとづく環境活動の例

P	作業所施工方針，施工計画の立案 作業所特有の環境側面の抽出
	施工計画書の作成 環境管理の計画作成
D	各種計画書に基づく管理の実施
C	実施状況の確認 再生資源の利用，促進状況の確認
A	不具合の処置及び報告 標準類の制改廃 改善活動報告 各種　検討書／報告書

図 3.25　建設工事における環境マネジメントシステムの例

営推進期における体験である．

体験④　歴史的建造物の視察 ―時間軸の視点―

歴史的建造物を訪ね，ダム技術者，そして経営者としての視点から見るとき，その目的が豊かな社会環境，自然環境の創造にあることに改めて気付かされる．天府の国と称される中国四川省の成都平原に2000年の歳月を超えて豊かな恵みをもたらす「都江堰」（図3.26参照），日本人技師・八田與一が築き上げ，不毛の地と呼ばれた嘉南平原を台湾最大の穀倉地帯に変貌させた「烏山頭ダム」などがその証である．

日本国内においても同様の事例は数多く存在する．空海が築池に

図 3.26　都　江　堰

携わったとされる香川県の満濃池は，灌漑用溜池として貴重な水資源を供給するのみならず，まんのうボタルなど貴重な生態系の生息地となっている．

また，日本最古の池沼庭園として名高い福島県の南湖は，1807年に白河城主松平定信が農業用の人工ダム湖として築造すると同時に，身分の差を超えて庶民が楽しめるレクリエーション地として開放し，現在では南湖県立自然公園として人々の憩いの場としての役割を果たしつつ，里地里山に特徴的な動植物が数多く見られ7科9種の指定植物など希少な生態系も息づいている．

そして，佐賀土地改良区が管理している北山ダム（1956年完成）の貯水池周辺は，あたかもリアス式海岸の様相を呈し，人工湖でありながら天然の風景を醸し出している．ダム湖一帯は脊振・北山県立自然公園に指定され，ダム湖はヘラブナを始め魚類の宝庫として北部九州の有名な釣りスポットであり，春になると自生するホオノキが大輪の花を咲かせる．

このように，利水を目的として建設されたダムが歳月を重ねるに伴い，ダム湖と近傍の名山または渓谷などの自然と融和していくとともに，固有種をはじめとした生物多様性の維持，さらには渡り鳥の飛来地など新たな環境の創造に寄与し，大地と社会に豊かな恵みをもたらす「地域のランドマーク」としての役割を果たしている．

ダム建設に 33 年間従事した技術者として，「ダム建設は自然破壊」という意見が根強いことを念頭に置きつつ，伐採や建設工事に伴う一時的な環境影響の低減に努めるとともに，100 年，200 年の単位で長期的に育まれる地球環境への貢献を想定し価値を見極めることが課題解決への糸口になることを，現地を訪ね，現実に触れるたびに実感している．

体験⑤　ミャンマー・モインジー湿地視察
—俯瞰的視点—

2016 年 10 月上旬に，経団連自然保護協議会のミッションにおいてミャンマーのモインジー湿地を訪問する機会を得た．ミャンマーの首都ヤンゴンの北東約 70 km に位置する古都バゴーからさらに北へ 30 km 程度移動すると，面積約 1 万 ha の淡水湖が育む雄大な光景が目前に現れる（図 3.27 参照）．モインジー湿地は，絶滅危惧種のアカハジロやオオヅルを含めて 2 万羽に及ぶ鳥類など多様な生態系が生息しており，特に水鳥の生息地として国際的に重要な湿地に関する条約である「ラムサール条約湿地」に登録されているが，その成り立ちは周辺地域に水や食糧を供給することを目的

図 3.27　モインジー湿地

に1800年代につくられた人工湖であることに思いを新たにした．

モインジー湿地の視察から得た示唆は，時間軸の視点に加えて，俯瞰的な視点である．湖というピンポイントから流域の生態系や経済活動へというように，点から面への視点を持って事象を展開することが，俯瞰的な取り組みへのアプローチになることを学んだ．

環境経営の推進を通して培った「社会・環境のクオリティ」を追究するために必要なポイント表3.1にまとめた．私の経験を通した雑感ではあるが，環境と社会の共生に向けて何らかのお役に立てば幸いである．

表 3.1　社会・環境のクオリティを追究するために必要なポイント

自分事ととらえる	現地で，現実を知ることを前提として，社会的な課題に直面した際に，他人事ではなく自分事，すなわち課題と自らの社会生活とのつながりから得られる気づきがエポックメーキングの契機となる．
時間軸の視点をもつ	歴史的背景からの現状認識，未来予測からのバックキャスティングなど，時間軸の視点をもつことが，本質をとらえ，課題解決の糸口につながる．
点から面に事象を展開する	森林から資源のライフサイクルへ，湖から流域の生態系や経済活動へ，というように，点から面に事象を展開する．
ネットワークを拡げて協働する	課題解決を具体的に進めるには，幅広い人的・技術的なネットワークによる協働が必要不可欠であり，志や情熱，使命感が人を動かし，技術や仕組みに結実していく．

トピックス 4

社会環境と自然環境の創生

未曾有の震災，そして頻発する洪水，ゲリラ豪雨，竜巻などの自然災害を経て，社会は大きな変化の様相を示している．すなわち，従前の「採算性・効率性」重視から，防災・減災機能の強化など「安全・安心」を前提としたインフラ整備が今まさに求められ，このような社会の要請に貢献することが建設業の使命と受け止めている．その中で，治水・利水にフォーカスして私見を述べたい．

世界的に治水・利水の原点を辿ると，四大文明に遡ることができる．灌漑により農耕が発達することで四大文明は誕生した．すなわち，治水・利水によって，文明豊かな社会環境と自然環境を創生してきたことが伺える．

わが国においても，国土の地理的特性や融雪，梅雨，台風などの気象条件とダムやため池，用水などのインフラ整備を上手に融合させて，自然災害などの恐怖から身を守りつつ，水資源を有効に活用し，発展を遂げてきた．すなわち，急勾配かつ下流域に大都市を多く抱えるわが国において，融雪，梅雨，台風など四季の変化に伴う天の恵みをダム，ため池などに貯留，コントロールすることで，生活・産業の両面に安全・安心をもたらし，農業用水や生活用水として大切に利用してきた．

今こそ私たちは，水とともに生き，水に苦しんだ治水・利水の原点に立ち返って，自然と人間との永遠の課題に対してどのように対応すべきかを真摯に考えなければならない．

さらに近年，わが国の治水・利水において，いくつかの課題が生じている．

その一つ目が，「気候変動による降雨形態の変化」である．1900年から2000年の100年間で年間降水量は減少傾向であるのに対し，降水量の変動幅は増大し，局所的豪雨や渇水のリスクが高まっており，既存施設の多くはこのような傾向を十分に考慮されていない．

二つ目は，「治水・利水施設の老朽化」である．ダムを例に挙げると，高度経済成長期に集中的に築造されてきた経緯から，築造後50年以上を経過した長期供用のダムが次々と更新時期を迎えており，今後，維持修繕に多額の費用が必要となる．

三つ目が，「治水・利水施設の耐震化」である．1976 年にダム耐震基準（河川管理施設等構造令）が制定されたが，制定以前のダムは全国で 1 000 基を超える．これらのダムの耐震性能の確認も喫緊の課題となっている．

以上のように，治水・利水を例に挙げても，安全・安心な社会を築き，将来にわたって維持するために，膨大なインフラの整備，改修，更新の需要が顕在化している．わが国の厳しい財政状況を鑑みれば，既存の枠組みでこのようなすべての需要に対応するのは困難であり，官民連携など民間企業のノウハウや資金の活用がより一層必要となってくるであろう．冒頭で述べた社会の変化を契機として，私たちは安全・安心を支え，社会環境と自然環境を創生する当事者として，現在，さらには未来の社会からの期待に応えるべく，過去に学び，未来の目をもち，今の行動へと結びつけていかなければならない．

3.3 ガバナンス――クオリティ重視の組織文化醸成

(1) 「ひと」と「組織」のクオリティ向上が前提

2.2 節で述べた「品質不祥事の再発防止」は，逸脱行為の再発防止を包含しており，クオリティ重視の組織文化を醸成することが，ガバナンスのクオリティに通じる．そのため，本節の主旨は 2.2 節におおむね記載しているが，補足すべき点について述べたい．

まずは，新聞・雑誌などで逸脱行為防止対策として取りあげられている「監査・監視」「トレーサビリティ」「自働化」について，私の見解を示す．

(a) 監査・監視のしくみ

罰則も含めた「監査・監視のしくみ」は，クロスチェックなどの観点で必要ではあるが，すべてを第三者の目に頼るのではなく，まずは自ら問題を発見し，解決していくための理念を共有し，力量を抱き，行動することが本質である．

(b) トレーサビリティ

製品の生産履歴やサプライチェーンの履歴を一元的に管理するとともに，履歴の改ざんを防ぐしくみは必要である．しかし，データそのものに誤りや改ざんがあれば，トレーサビリティ自体も機能しない．ゆえに，問題を未然に防止し，かつ問題が発生した場合は速やかに顕在化し，応急対策と恒久対策（再発防止）を実行できる「ひとづくり」「組織づくり」を欠くことはできない．

(c) 自働化

IoT（Internet of Things），AI，ロボットなどが劇的な進化を遂げており，「自動化」は，逸脱行為の防止を含めたクオリティマネジメントに大いに活用できると考えている．今の世の中は，社会からの要請が多様化し，社員の負担は増大する一方である．自動化・機械化すべき部分は進め，社員が注力すべき業務に専念できる環境を構築することが求められる．

ただし，自動化が進んでも，得られた「データを読み取る力」と「俯瞰的に物事を見渡す視野」を「ひと」が持たなければ，クオリティマネジメントに活かせない．つまり，自動システムを開発するのも，クオリティマネジメントを機能させるのも「ひと」である．いかにAIやIoTが進化しても，それはあくまでも道具であり，それを使いこなすのは「ひと」の技能・スキル・知恵であり，自動化には“にんべん”のつく「自働化」が伴うことがクオリティ向上の条件となる．

(2)　経営層のリーダーシップのあり方

続いて，クオリティ重視の組織文化の醸成に向けて，経営層が果たすべきリーダーシップについて言及したい．

図3.28は，事故を想定した危機管理への対応の図であるが，逸脱行為についても同様であると受け止めている．

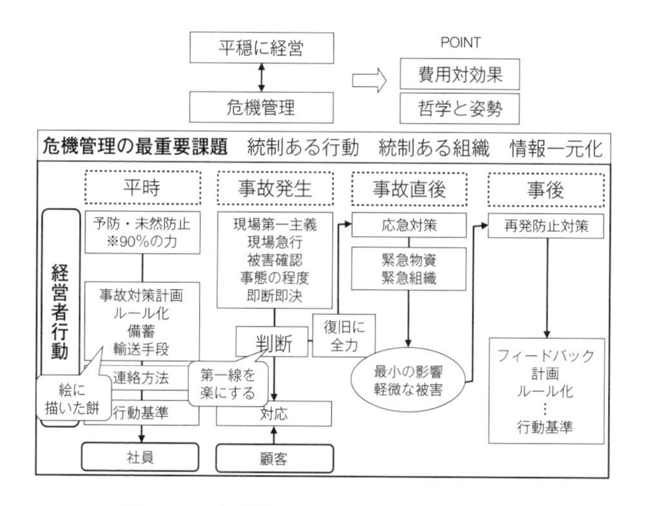

図3.28　危機管理における経営者の役割
［出典　前田又兵衛(2004)：隗よりはじめよ，p.201，小学館］

まず平時であるが，100％の対応は現実的でないため，リスクの重要性と頻度を見極めながら緊急時の連絡方法，行動基準などのしくみを構築するとともに，哲学と姿勢を示し続ける．

そして，危機が発生した際には，直ちに連絡を受け，現場に急行する．そして，組織・行動を統制し，顧客・メディアなどへの対応に当たるとともに，応急対策，恒久対策に全力を尽くす．

ここでポイントとなるのが，「現場第一主義」である．平時においても，危機発生時においても，現場とのコミュニケーションを図り，経営哲学と情報を迅速に伝えることの重要性を共有する．

(3)　リスクマネジメントの一環と位置付ける

ガバナンスのクオリティを向上するには，リスクマネジメントを視野に入れる必要がある．日本規格協会の揖斐敏夫理事長は，一連の品質不祥事について，リスクマネジメントの観点から考えられる原因を挙げており[7)]，要点を抜粋する．

①　リスクの認知と評価

企業の経営という面からリスクを見ようとしなければ，すなわち多面的・総合的にリスクを把握し評価しようとしなければ，データ書き換えのような第三者から見れば明らかに拙いと考えられる事柄であっても，リスクと気づかない，あるいはリスクとは認識できても速やかに除去・低減すべきリスクと評価できない．

②　未然防止

業績が振るわず，社内での優先順位が低くなり，予算や人材が適切に配分されないなどの事情により，そもそも認知したリスクの未然防止対策を講じていない，あるいは講じても十分な対策をしていないことが原因となるケースもありうる．

③　問題が起こってしまった場合の対応

未然防止対策では除去しきれなかった残存リスクや発見できなかったリスクが顕在化して問題化した場合に，想定した事前のシミュレーションができていなければ，「想定外」だったと右往左往し，対応が後手に回ることになって，もともと大した問題ではなかったのに騒ぎを必要以上に大きくして，結果，企業価値を大きく毀損することになってしまうというケースも少なくない．

リスク管理のしくみの例を図3.29に示す．社会動向と社内の情報を収集の上，その結果を「リスク評価表」により見える化し，経営計画の遂行状況，内部監査結果などを勘案して見直した各リスク項目の影響度と頻度を「リスクマップ」に反映する．さらに，「リスクマップ」において顕在化した高リスク領域に留意した事業活動を方針管理，日常管理のしくみにより展開するとともに，リスクに関わる情報を適時・適切に開示する．

リスクマネジメントの要諦は，まさにリスクの認知，重要性評価，シミュレーションにあり，社会の変化，テクノロジーの進展などが自社に与える影響を想定する組織能力の向上が本質であり，リ

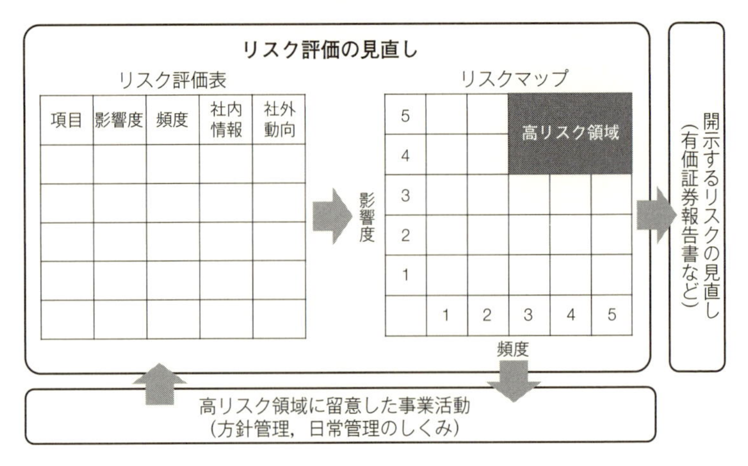

図 3.29　リスク管理のしくみの例

スク管理のしくみはその支援ツールと位置付けている．つまり，しくみは必要条件であるが十分条件でなく，リスクに鋭敏な感覚をもつ「ひとづくり」，「組織づくり」がリスクマネジメントの前提となる．

ポール・ヴィリリオ（Paul Virilio）は，「技術文明は常に新しい事故を発明する」と言及しており[12)]，テクノロジーを発明することは事故を発明することを示唆している．ゆえに，私が考えるリスクマネジメントは，以下のすべてを含んでいる．

① マイナス要因の問題解決（再発防止，未然防止）

② プラス要因の機会逸失防止

③ プラス要因の発生に伴う副作用防止（未然防止）

本節では，ガバナンスの観点で，対応を怠った場合の企業価値の低下，すなわち「守り」にフォーカスしたが，不確実性を読み，リスクテイクして，時代に先駆けて企業価値向上に挑戦する「攻め」の側面もあり，この取り組みについては次章で詳述する．

トピックス５

経営者による現場巡視

前田建設の歴代経営者は，現場によく足を運んでいる．その現場で自慢できること，独自の取り組み，改善事例の掘り起こしなどの水平展開に加えて，現場で働く社員のモチベーションアップを主な目的としている．

前田建設の創立60周年に際して刊行した『MAEDA DNA～前田建設箴言集』には，“みる”にはいろいろあることが記されている．直接目で“見た”ことを分析し，意味を考えたり，今後を予想することが“観る”であり，社員や協力会社の

図 3.30　経営者による現場巡視

方々への気配り，思いやりなどが“看る”に該当し，トラブルの未然防止，問題の排除を目的とする“診る”，全体像を把握するための“視る”というように，“みる”には多様な意味が込められており，その重みを心にとどめて，私は現場・現物・現実の三現主義を行動原則の一つにしている．

第4章　個客体験のクオリティ

日本の高度成長の原動力となった「ものづくりのクオリティ」は，第2章で述べたように，今日においても「基盤戦略」として経営の根幹であることに変わりはないが，さらなる成長を目指すためには，基盤戦略に立脚した「革新戦略に資するクオリティ」に注力する必要がある．

革新戦略に資するクオリティとは，社会変化への適応に加えて，クオリティをより広い意味でとらえること，すなわち1.1節で示した「顧客・社会のニーズを満たす」をより前面に打ち出すことに他ならない．

そこで，これからの時代における顧客・社会の価値づくりを追究する場として，日本品質管理学会および東京大学品質・医療社会システム工学寄付講座は，2018年8月にサービスエクセレンス部会／生産革新部会のキックオフフォーラムを開催し，参加者を募り，2018年10月から本格的な活動を始動した．

本章では，サービスエクセレンス部会／生産革新部会の概況を紹介するとともに，両部会で得た情報などをもとに，専門的な内容は平易な表現にしつつ，私なりの解釈も加えてまとめている．

4.1　社会変化の先にあるクオリティ

(1)　革新の背景となる社会環境変化

今日のビジネスを取り巻く社会環境は，従来の延長線上と異なる新たなステージへの歩みを進めつつあり，"Society 5.0"と称されている．Society 5.0とは，狩猟，農耕，工業，情報に続く新たな社会（図4.1参照）を指しており，IoE（Internet of Everything）によりすべてがインターネットを通して結びつき，AI，ロボットなどの革新技術の活用により，課題を克服していく社会を志向している（図4.2参照）．

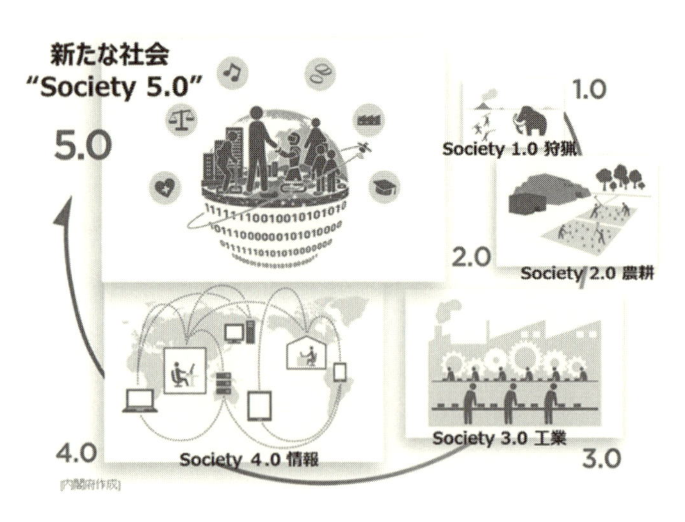

図4.1　新たな社会"Society 5.0"
［出典　内閣府ウェブサイト，Society 5.0,
https://www8.cao.go.jp/cstp/society5_0/index.html］

IoE, AI をはじめとする技術革新に伴い，今までは不可能とされていたビジネスプロセスが次々に実現していく新たなステージに私たちは身を置こうとしている．その要諦を以下に示す．

(a)　「個客」対応の進展

まずは，「個客」対応の進展である．インターネットを通して世界中の顧客とのダイレクトコミュニケーションが実現すると，モノやサービスはマスの市場・顧客を対象とした大量生産から，パーソナルな「個客」の多様なニーズに応えるためにカスタマイズする方

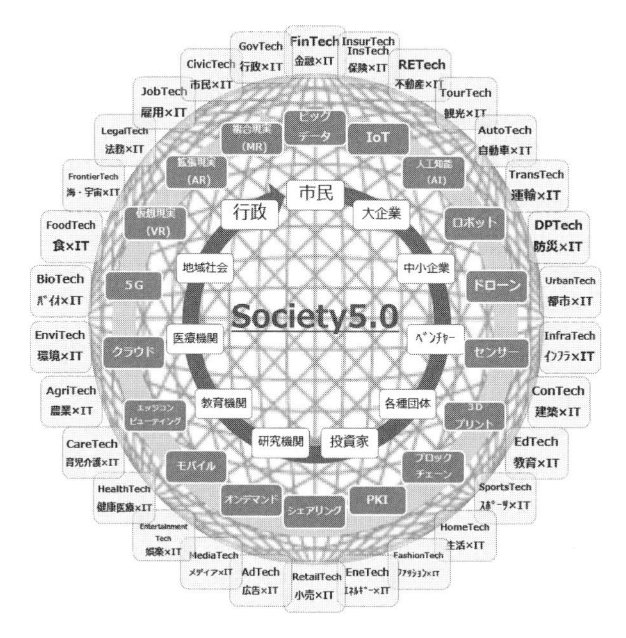

図 4.2　あらゆる産業と IT の融合による超スマート社会の実現

［出典　一般社団法人日本経済団体連合会(2016)：データ利活用推進のための環境整備を求める～Society 5.0 の実現に向けて～, http://www.keidanren.or.jp/policy/2016/054.html］

向へシフトしつつある．

(b)「コトづくり」の進展

個客への関係性を継続的に高めていくためには，ものづくりだけでなく，モノとサービスを融合した「コトづくり」へのステップアップが必然となる．コトづくりは以前から提唱されていたが，IoEの普及によりモノからコトへのシフトが本格化すると考えられる．

(c)「共創」の進展

個客と結びつきが強くなると，個客への価値提供という一方向だけでなく，個客と双方向の「共創」が進展する．共創により価値が実現すると，個客との関係はますます密実なものとなる．

(d)「オープン化」の進展

個客に対してさらなる価値を生み出し，個客の囲い込みを図るために，自社のノウハウを活かした異業種への参入，あるいは他社のノウハウを活かすオープンイノベーションなどが活性化する．特に近年は，オープンプラットフォームのイニシアティブを得た企業が異業種に参入するケースが相次いでおり，代表的な例としてアマゾンのアパレル業界などへの進出が挙げられる．そして，業界の垣根は次第に取り払われる傾向にある．

(e)「ビッグデータ化」の進展

オープン化が進むと，個客の情報がプラットフォームを介してビッグデータとして集積され，AIなどを活用して個客に，より正確に，よりタイムリーに，より満足度の高い，さらには個客が気づいていない価値を提供する源泉となる．ゆえに，情報を収集し，形式知としてデータ化するプロセスがより一層重要になる．

(f)　「ビジネスモデル」の進展

プラットフォームの普及が進むと，個客との結びつきに加えて，社会，サプライチェーンなどとの関係性を深めることも可能になる．言い換えると，ビジネスモデルが従来の B to B，B to C から，B to Personal（B to B to P），B to Social（B to B to S）に変容していくことを示唆している．

(g)　「サイバーファースト」への進展

東京大学の江崎浩教授は，従来はビジネスの道具として脇役的に位置付けられていたデジタル技術が，人知を超えてリアル社会を変貌する主役となる「サイバーファースト」の社会が今まさに到来しつつあることを示唆している[13)]．加えて，デジタル技術を活用したカリフォルニアワインがシェアを拡大するとともに，伝統的な職人の技を強みとするフランスワインのステイタスが高まるように，サイバーファーストな社会においては，アナログの技術が衰退するのではなく，新たな輝きを放つことにも言及されている．すなわち，デジタル化によるオリジナルの模倣は，オリジナルを超える価値を生み出したり，オリジナルでは隠れていた価値を発見する一方で，アナログにのみ存在するバリューへの気づきによってアナログのバリューが復活し，両者が共存する世界が到来しつつある．

(2)　未来志向の顧客価値づくり

上述の変化を「顧客ニーズを満たす活動」に当てはめると図 4.3 のようになる．なお，以下の本文中に示す「顧客」は，「個客」を包含した意味とする．加えて，顧客はユーザーのみならず，部品，素材産業における納入先も含まれていることを強調したい．つまり，図4.3は，B to B，B to Cのいずれのビジネスモデルも対象となる．

社会変化の先にある未来社会を志向した顧客価値創造活動を，仮に「顧客価値づくり」と称して社会への浸透を進める．調査研究を進めるに伴い，より適切な表現があれば適宜改めたい．

そして，現状と図4.3を対比することにより，強化すべきポイントを明らかにする．顧客価値創造に関する研究は，経営学，マーケティングなどの分野で進められているが，サービスエクセレンス部会／生産革新部会では価値を生み出すための「組織能力・プロセスの強化」を主なターゲットとして，TQMで培ったPDCAサイクル，ファクトコントロールなどを強みとしながら，開発途上分野を強化していくことにより革新戦略に資するクオリティの調査研究を

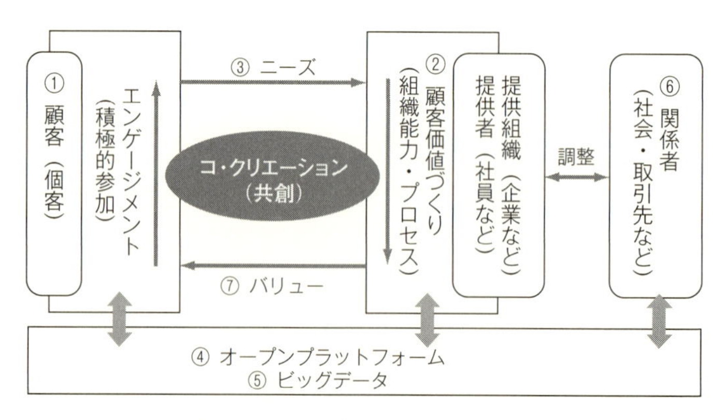

図4.3　未来志向の顧客価値づくり

進める．さらに，「品質＝製造業」という誤解を払拭することも視野に入れて，「顧客価値づくり」を前面に出して社会全般への浸透を目指す．

(3)　調査研究プロセス

今まさに萌芽しつつある社会大変革を背景として，ビジネスの最前線ではPDCAサイクルが圧倒的にスピードアップするとともに，サイクル頻度も劇的に増加すると考えられる．この変化に適応するためには，まず変化を明確に認識する必要があることから，「知識共有会」を定期的に開催している．そして，社会変化を認識するとともに，革新戦略の基盤概念となる「顧客価値づくり」を共有することが必要になる．したがって，知識共有会は，サービスエクセレンス・生産革新の2部会合同で開催している．知識共有が進んだ段階で，両部会は取り組むべき研究テーマを設定し，ワークショップ，あるいは研究会を立ち上げ調査研究を推進し，進捗状況および成果は学会誌，研究発表会などに定期的に公表する．さらに，部会活動を通して，変化に対して臆病にならず，変化を成長へのチャンスにとらえる人財コミュニティの構築を志向する．

サービスエクセレンス部会／生産革新部会の活動計画および知識共有会で実施したテーマを図4.4に示す．

知識共有会では，IoEがもたらす事業構造変革を軸として，データの利活用，オープン化に伴うプライバシーとサイバーセキュリティなどを題材として，講演からのインプット情報をもとに，自組織への導入を想定したディスカッションを行い，業種の垣根を越え

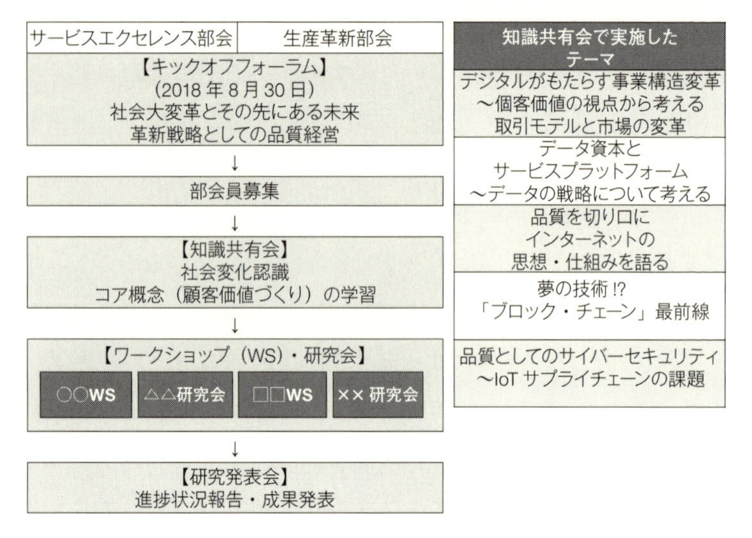

図 4.4　活動計画の概要および知識共有会で実施したテーマ

て相互啓発を促進する．

知識共有会が軌道に乗り，重点的に調査・研究が必要なテーマが具体化した段階で，新たなワークショップまたは研究会を各部会の下部組織として立ち上げる．また，既設研究会，他部会との連携を推進する．研究の経過，成果は，学会誌および研究発表会において報告する．知識共有会から研究活動にステップアップしていくイメージを図 4.5 に示す．

1年目の「学び」中心から，2年目は「考える」を目的としたプログラムを導入し，3年目を目安に速報論文などにチャレンジするとともに，個別事例から共通要素を見いだす「つなげる化」を推進，4年目以降に「知識化」を目指す．

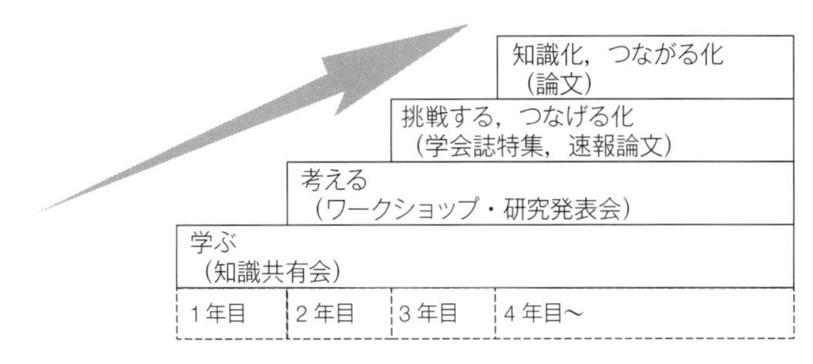

図 4.5　研究活動のステップアップ

4.2　デマンドベースの生産革新

(1)　生産革新部会の方向性

ものづくりのオペレーションにおいて，基盤戦略にとどまらない革新的なプロセスが萌芽しつつある．日本品質管理学会では,「ビッグデータの解析のあり方」について研究活動を進めているが，より包括的な部会活動を展開する必要性が高まっていることから「生産革新部会」を発足させている．

生産革新部会の方向性を具体的に示すために，現段階で特に注力したい点を以下に挙げるが，今後検討を進めるに当たって更新していく可能性があることをご留意いただきたい．

(a)　しくみの変革

個客の多様なニーズをタイムリーに，期待以上に，安定的に価値として提供するためには，多品種複合生産，さらには一品生産のオペレーションが必要となる．例えば，あるシューズメーカーでは，個客が自らの志向にもとづいてインプットしたデータにもとづきカスタマイズされた商品の生産を実現している．このオペレーションには，量産型とは異なるプロセス，ツールが必要になる．

(b)　ひと・組織の変革

個客の価値をタイムリーにキャッチし，オペレーションに反映するには,しくみだけでなく「ひとの変革」も必須となる．すなわち，ものづくりのQC，QA（Quality Assurance）に関するスキルを強みに持つことに加えて，より俯瞰的な，部門横断的なオペレーションに対応するための人材育成が必要になる．また，AIが得意とする“Deep Learning”に対して，ひとが注力すべき“Deep Thinking”を実践するための，あるいはPDCAサイクルをスピードアップするためのプロセス革新，さらには意思決定における「ひととAIの役割」も研究の対象に入れたい．

(c)　事業ドメインの変革

元ハーバード・ビジネススクール名誉教授のセオドア・レビット（Theodore Levitt）が提唱した「マーケティング近視眼」[14]を思い起こしていただきたい．自らの事業ドメインを「鉄道事業」ととらえた鉄道会社が，自動車，航空機などの台頭により衰退してしまった事例をもとに，このケースでは事業ドメインを「輸送事業」ととらえることが必要であると示唆している．つまり，自組織が行っている事業を手段の一つととらえ，顧客の視点で目的をとらえ直すと，プロダクトアウトからカスタマーイン，さらにはパーソナルインへ視点が転換し，事業ドメインの再定義を視野に入れることが可能になる．

<生産革新部会の方向性>

① 多品種複合生産，一品生産など量産型と異なる品質管理を追究.

② 個客価値を実現する俯瞰的，部門横断的なオペレーションを遂行するための人材育成.

③ 事業ドメインを適切に定義できる人材育成.

(2) 生産方式の変遷

産業革命以前は，小規模取引のためフルカスタマイズ（個別生産）が主流であったが，産業革命以降は，技術革新に伴いマスプロダクション（大量生産）が可能になり，量産型の生産方式が今日に至るまで主流となっている．ただし，オーダーメードのスーツ，トンネル，ダムなどの土木構造物，大規模建築構造物などは，今日においてもフルカスタマイズにより生産している（図 4.6 参照）.

しかし，IoE，AI の普及に伴い，インターネットを介してビッグデータを ICT プラットフォームに集積し，AI などを活用して，ビッグデータから個客ニーズをオペレーションに反映できるようになると，マスカスタマイズ（図 4.7 参照）が実現可能になり，靴の配色，自転車のオプションなどのマス・カスタマイゼーションサイトが出現している.

(3) 生産の高度化

マス・カスタマイゼーションサイトの背景では，生産プロセスの

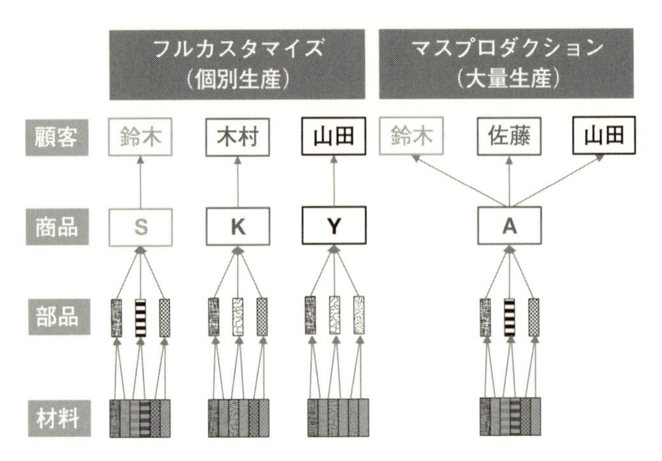

図 4.6　フルカスタマイズとマスプロダクション

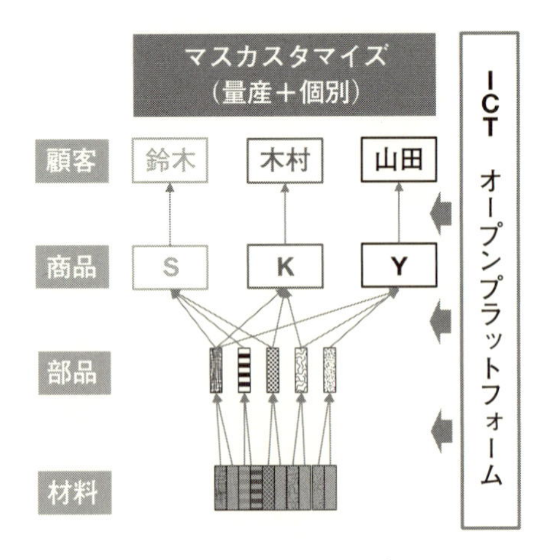

図 4.7　マス・カスタマイゼーション

高度化が進行している（表 4.1 参照）．混流生産の次のステップとして，「年間○万台生産」といった企業が保有する生産能力をもとに打ち出した生産計画の達成から，需要の変動に応じてリアルタイムに生産指示を出す「動的生産」へ移行する．さらに，実工程をデジタルで再現，制御する「デジタルツイン」が進展するとともに，デジタルツインをオープン化することにより，クオリティコントロールをグローバルワイドで，かつリアルタイムで実現できるようになる．

表 4.1　生産プロセスの高度化

Step 1	工程の高度化（作業指示のデジタル化）による混流生産の実現	混流生産化に伴う複数ラインの統合により，非活動時間の短縮，および人員の効率化を図る．
Step 2	需要に応じた動的生産（リアルタイムな作業指示）の実現	需要の変動を事前に把握し，需要に応じてリアルタイムに作業指示を出す動的生産を実現する．
Step 3	デジタルツイン	デジタルで設計された工程・生産を実工程で再現，制御する． サイバーの工程変更に伴いフィジカルの工程も直ちに変更され，生産管理，品質管理のリアルタイム化が進展する．
Step 4	デジタルツインを社会にオープン化（インターネット上で工程をオープン化）	デジタルツインにより，インターネット上で工程をオープン化し，生産管理・品質管理のリアルタイム化に加えてグローバル化が進展する．

［山下克司(2018)：データ資本とサービスプラットフォーム，日本品質管理学会他，サービスエクセレンス部会／生産革新部会講演資料を参考に筆者作成］

(4)「デジタルツインのPDCA」への進化

このうち,「デジタルツイン」について，私なりに考察したい．

蓄積されたデータの分析をもとに，サイバー空間でPDCAサイクルを回して最適解としての三次元モデルを構築することにより，従来の「実空間のみでのPDCAサイクル」より改善・改革のスピードが圧倒的に向上する．また，サイバー空間で構築した最適解を実空間で再現する段階で，さらなるPDCAサイクルを回すと，サイバー空間で想定できなかった問題・課題を発見・解決でき，直ちに三次元モデルに修正を加えることにより，デジタルツインが精緻化し，再現性が高まる．

そして，実空間の生産プロセスは，センサー，カメラなどのツールを活用してモニタリングし，IoEによりデータプラットフォームに情報が蓄積され，次なるPDCAのインプットに結びつくことにより，改善，改革のスパイラルが生み出される．加えて，サイバー空間のPDCAおよびICTを活用したモニタリングは，場所と組織にとらわれないため，グローバル化とオープンイノベーションが可能になる．

すなわち，従来の「フィジカルのPDCA」から,「デジタルツイン（サイバー＋フィジカル)」のPDCAへの進化による高速化，スパイラル化，グローバル化，オープン化が，生産革新のポイントの一つに挙げられる（図4.8参照)．

デジタルツインのPDCAサイクルの例として，総合建設業ではBIM（Building Information Modeling)，CIM（Construction Information Modeling/Management）の導入が進んでおり，3次元

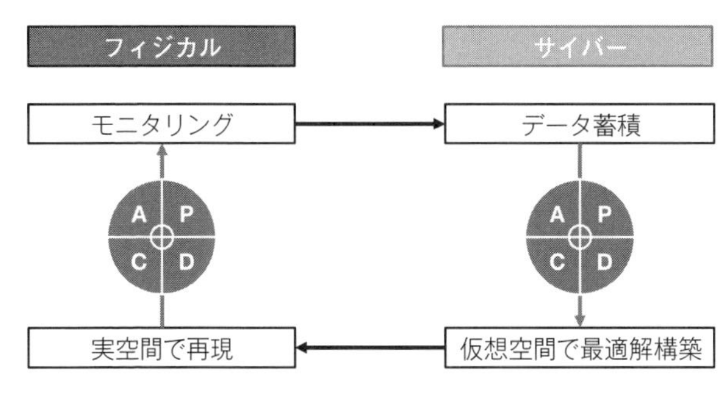

図 4.8　デジタルツインの PDCA サイクル

モデルで構築した最適解を実空間で再現するとともに，3次元モデルでは想定していなかった問題・課題を実空間で改善し，各種データをプラットフォームにフィードバックする．このサイクルのスパイラルにより，生産プロセスのクオリティが向上する．

(5)　デマンドベースの調達・生産プロセス

マス・カスタマイゼーションを実現するには，デマンドベースへの調達，生産革新が必要になる．調達においては，顧客が要求した仕様などを瞬時にサイバー空間で集約し，オープンプラットフォーム上でサプライヤーに必要な仕様と数量を発注する．ビッグデータの統計的機械学習が深化すると，顧客からの発注を待つことなく，将来的な需要動向を予測し，調達計画に反映することが可能になる(図 4.9 参照)．

続いて，生産においては，顧客の要請に応じてカスタマイズされた製品に仕上げるために，プログラムを介して混流生産の指示を出すとともに，生産プロセスをモニタリングする．複雑なデータ処理

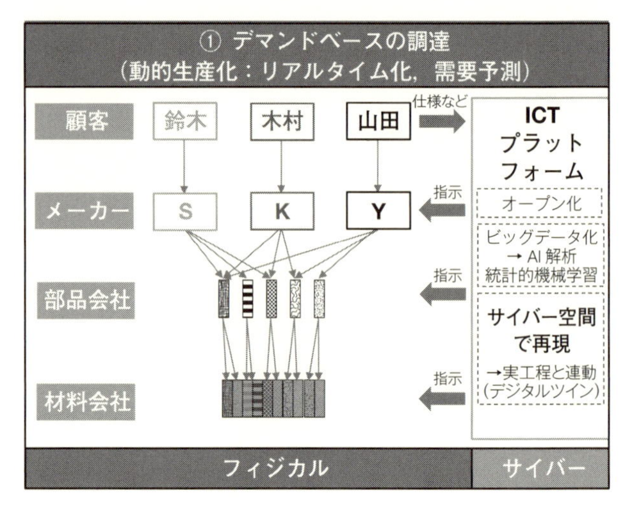

図 4.9　デマンドベースの調達

に長じる AI の活用により，稼働率向上，人員効率化に加えて，モニタリングデータのサンプリングによる傾向把握，全数検査による不良品排除も圧倒的な速度と精度で実施可能になる．そして，「ひと」の役割は，リアルの PDCA の高度化，データの資本化推進，技術革新などの創造的業務へシフトすることで，生産革新が飛躍的に進展する（図 4.10 参照）．

なお，「データの資本化」については，生産にとどまることなく，サービスを包含していることから，次節で解説する．

図 4.9 と図 4.10 を一体化すると，図 4.11 のイメージになる．顧客と提供者の間で，インターネットを介してデマンドに関わる情報のループが形成される．また，デマンドループの内側では，デジタルで設計された工程と生産を製造行程で再現，制御するデジタルツ

インのループが構築される．

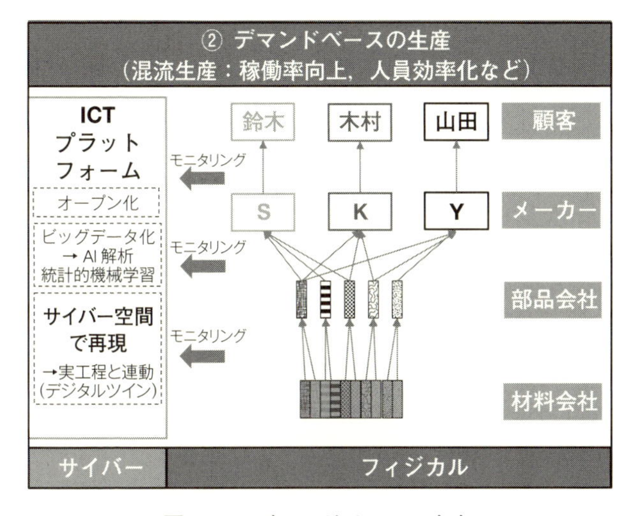

図 4.10　デマンドベースの生産

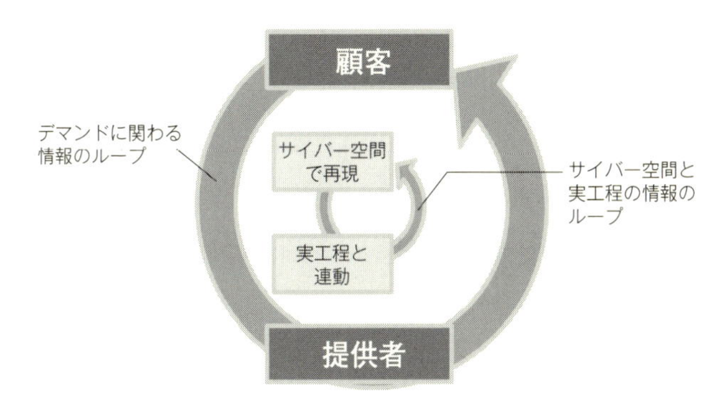

図 4.11　デマンドループとデジタルツインループ

4.3 エクセレントサービスの実現に向けて

(1) サービスエクセレンス部会の方向性

日本品質管理学会は，ものづくりのクオリティに関する学術研究を強みとしているが，サービスを包含した顧客価値づくりを重点的に取り組むべきであることに異論の余地はないと思われる．そして，サービスを包含した顧客価値づくりは，サービス産業のみを対象としているのではなく，製造業も範疇に含まれていることを強調しておきたい．

日本品質管理学会は，2016年4月に「サービスのQ計画研究会」を立ち上げ，サービスに関する学術的研究の成果や得られた知識の標準化により，社会実装・運用を志向する「サービス標準化スキーム」(図4.12参照) の構築などを進めてきたが，より包括的な活動を展開するべく，「サービスエクセレンス部会」を発足した．

サービスエクセレンスとは，基本的な価値を超えて，顧客にとってより価値のあるサービスを持続的に生み出す組織能力を意味しており，欧州が中心となって国際標準化に向けてISO/TC 312 (Excellence in Service) が発足した[17]．わが国においても，日本規格協会が事務局となりISO/TC 312国内審議委員会を立ち上げるなど積極的なアプローチを進めている．

ここで留意しておきたいのは，サービスエクセレンスは革新戦略のみを指しているのではなく，保証・信頼性・安全などの基盤戦略も備えることによって成立するということである．

サービスエクセレンス部会の役割は，先進的なサービスエクセレ

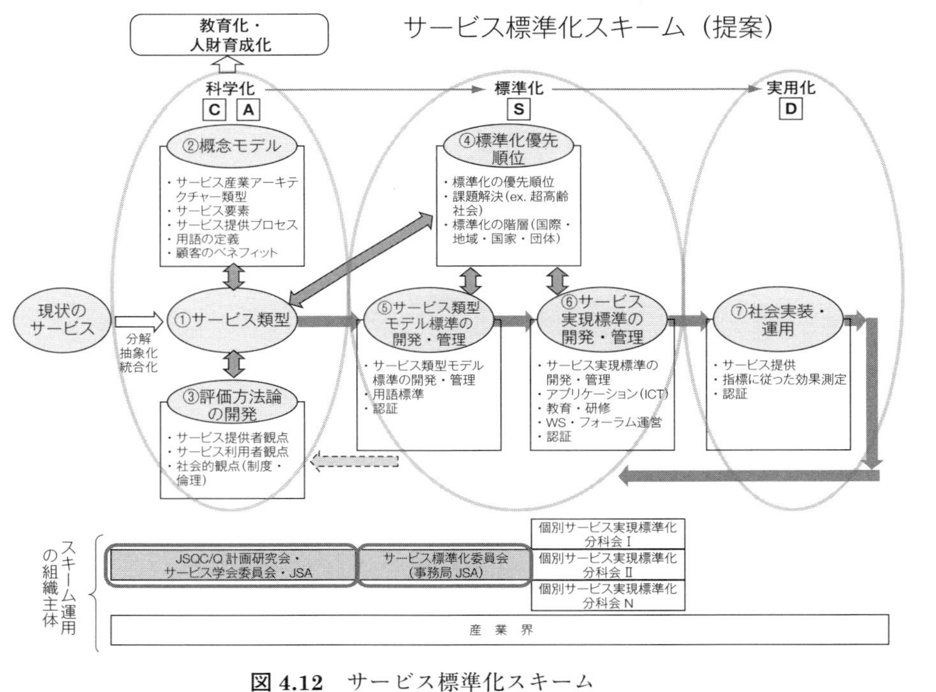

図 4.12　サービス標準化スキーム

［出典　水流聡子(2016)：「サービス標準化スキーム」の提案，第1回サービス標準化フォーラム講演資料］

ンスを実践している組織の顧客価値づくりを調査・分析し，汎用的なプロセスやツールを見える化し，普及・展開するとともに，標準化が期待されるシーズを発掘し，サービスのQ計画研究会に情報を提供していくことにある．サービスのQ計画研究会は，図4.12のサービス標準化スキームにおける科学化（概念モデル・評価方法論の開発）に向けた検討を行う．また，標準委員会と連携して個別サービス規格化などの役割を担う．

＜サービスエクセレンス部会の方向性＞

① 顧客価値づくりの実現をねらいとする（サービス産業のみならず製造業においても重要な活動）．

② 汎用的なプロセス・ツールを見える化し，普及・展開を担う．

③ サービスエクセレンスの標準化は，サービスQ計画研究会の役割とする．

(2) 取引モデルの変化

デジタル化の進展により，市場取引モデルが大きく変わろうとしている．従来は，大量生産の商品を貨幣と交換する取引が前提であったが，これからは個客一人ひとりに特別なサービスを提供する「つながりの市場」が主流となる（表4.2参照）．

(a) 匿名から顕名へ

誰が買ったかの把握が難しい貨幣による「匿名」取引に対して，インターネットをプラットフォームとする取引は，個客の情報をも

表 4.2　取引モデルの比較

	従来の取引モデル	つながりの取引モデル
①	顧客：匿名（情報なし）	個客：顕名（情報あり）
②	点（購入＝取引）	線（過去〜未来） 面（場所を考慮）
③	モノ	体験
④	原価（作り手の事情）	成果（個客の価値観）
⑤	交換市場（貨幣）	つながりの市場

［中川郁夫(2018)：デジタルがもたらす事業構造変革，日本品質管理学会他，サービスエクセレンス部会／生産革新部会講演資料を参考に筆者作成］

とにした「顕名」取引を前提としている．一人ひとりに特別なサービスを提供するためにテーマパークが開発したモバイルツール，一人ひとりに究極のフィット感を提供する衣料分野のマス・カスタマイゼーションサイトなどが例として挙げられる．

(b)　点から線・面へ

従来の購入時に終了する「点」の取引から，過去から未来までの時間と場所を考慮した「線・面」の取引へ進化を遂げている．例えば鍵の電子化によって，利用者のデータ（誰が，いつ，どこで）を不動産市場に活用することも視野に入れることができる．

(c)　モノから体験へ

販売したら終わりの「モノ」から，どのように使用しているかなどの「体験」がサービスの対象となる．例えば電子書籍は，読者が「どの本の，どの部分を読んだ」という体験全体を電子化したことが本質である．

(d)　原価から成果へ

タイヤの走行距離に応じた課金システム，薬が効いた患者に支払いを求める成功報酬型システムなどは，作り手の事情である「原価」を前提にするのではなく，個客の「成果」を前提にしている．

取引モデルの比較を私なりに図で表現すると，図4.13のようになる．つながりの取引モデルでは，個客との関係強化が競争優位の原動力になる．

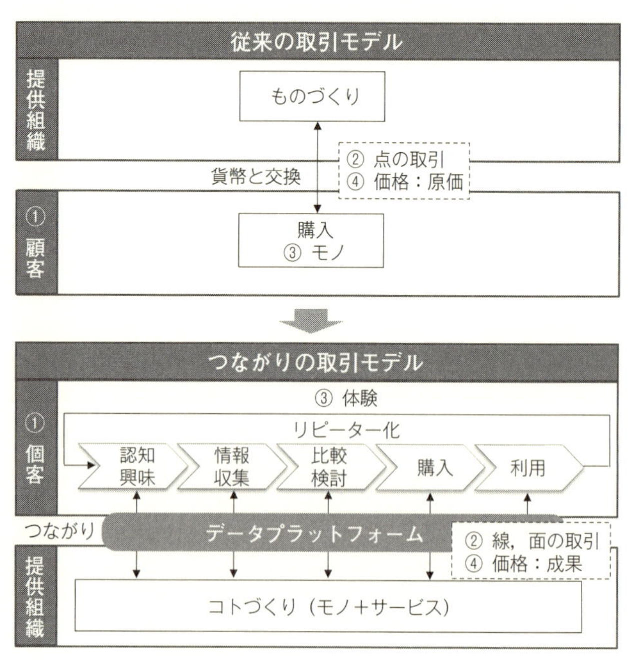

図4.13　取引モデルの比較（その2）

(3)　データの資本化

つながりの取引モデルにおいては，基盤戦略としてのクオリティを前提に，個客に特別な体験を提供する「個客体験のクオリティ」がクローズアップされる．

「個客体験のクオリティ」向上のプロセスを図 4.14 に示す．

このプロセスで最も重要なポイントは，「データの資本化」であり，個客価値に資するデータを戦略的に収集し，分析するために，個客接点を特定の上，どのようなデータを，どのような手段で収集するかを設計する．例えば，購入履歴だけでなく，購入をあきらめたデータなどから個客が真に求めているニーズを読みとり，これを

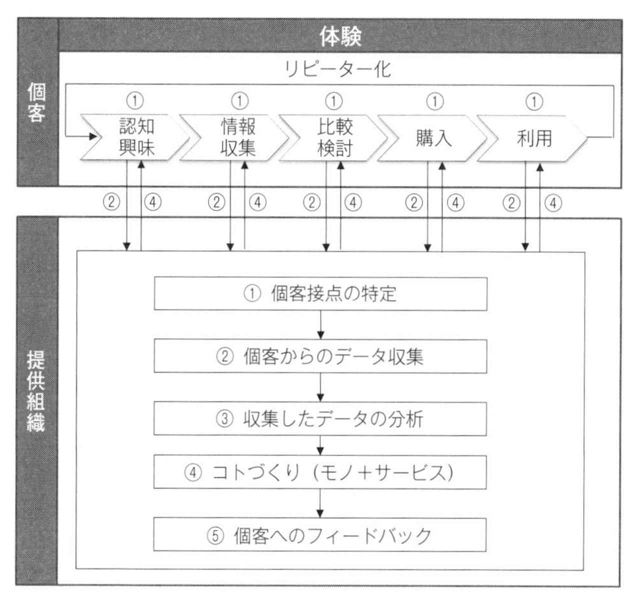

図 4.14　個客体験のクオリティ向上のプロセス

実現する商品，サービスを個客に提供する．その際には，個客が真に求めているのは何かを目的志向でキャッチする柔軟な発想が求められる．例えば，ホテルを予約した家族の目的が，宿泊ではなく，家族の誕生日を祝うことであれば，個客が真に求めているサービスの手がかりを得ることができる．

以上のようなプロセスを経て，個客との取引が継続的なものとなり，相互の信頼関係が深化していく．

(4)　共創環境の構築

共創（co-creation）とは，「サービスの設計，実現及び革新における，利害関係者の活発な協働活動」と定義されている[19]．顧客（個客を包含する）との関係性が高まるに従って，相互に共感しあい，顧客と提供者が一体化する「共創環境」に結実する（図4.15参照）．

共創環境が構築されると，相互になくてはならない存在となり，情報を提供し合い，アイデアを創出し合い，研鑽し合うなど，エクセレントサービスの実現に向けて重要なインプットを得ることができる．

ゆえに，顧客と提供者の姿勢が現在どの位置であるかを把握するとともに，共創環境に到達するまでのシナリオを立案し，追究することが，「個客体験のクオリティ」のキーサクセスファクターの一つとなる．

ここで，共創環境に到達するまでのアプローチについて，次の三つのケースを例として示す．

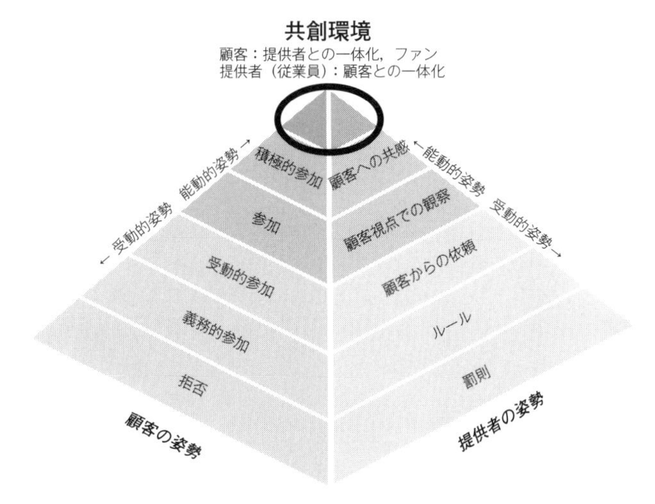

図 4.15　共創環境とは

(a)　相互研鑽型

顧客と提供者の双方が同レベルの段階にある場合は，「相互研鑽型」のアプローチで共創環境を目指す．図 4.16 を旅館の例で示すと，まず旅館が顧客視点の観察により，家族のお祝い，嗜好などのニーズを把握し，顧客へのアプローチを続けると，顧客も家族の誕生日は自発的に宿泊を予約するなど能動的に参加するようになる．また，旅館側も顧客からのリクエストに応えて新たなプランを開発するなどさらなるレベルアップを図ると，相互になくてはならない関係に進展する．

(b)　提供者牽引型

提供者が共創環境に近い段階にあり，顧客が受動的な姿勢にとどまっている場合は，提供者が主体となって顧客の積極的な参加を

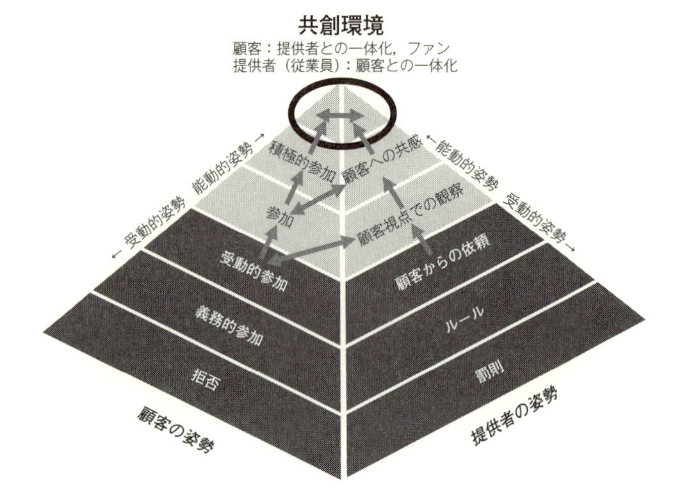

図 4.16　共創環境へのアプローチ（相互研鑽型）

促す（図 4.17 参照）．例えば，学習塾では，講師が生徒に共感しつつ，積極的な参加を促すとともに，育成を通して講師自らも研鑽する．

(c)　顧客牽引型

顧客が能動的姿勢に到達していながら，提供者が受動的な姿勢にとどまっているケースもある．多くの熱心なファンに支えられながらも，積極的なマネジメントが希薄なスポーツチームなどが該当する．このような場合は，顧客が主体となって提供者の積極的な参加を促すための方策を実行する（図 4.18 参照）．

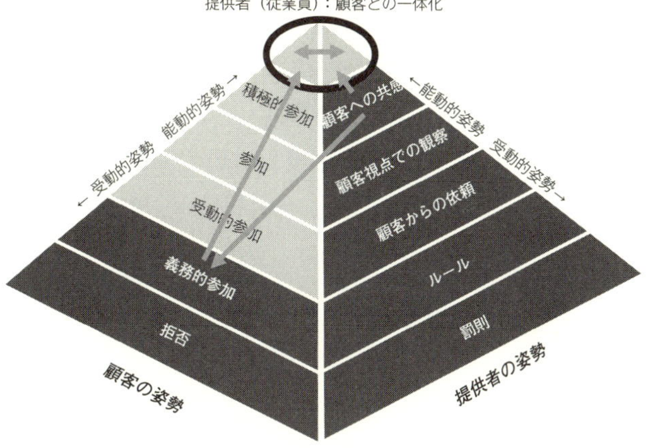

図 4.17 共創環境へのアプローチ（提供者牽引型）

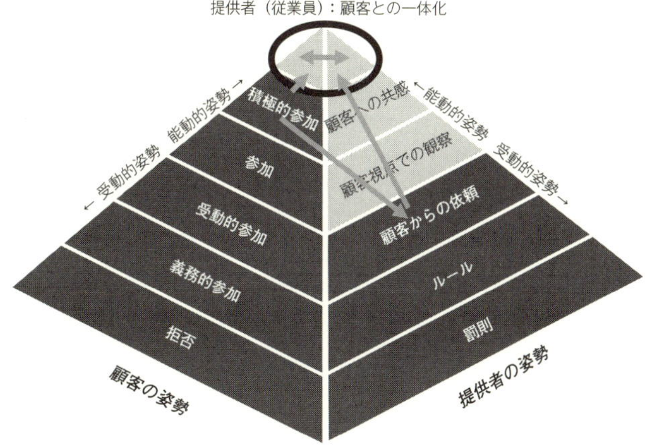

図 4.18 共創環境へのアプローチ（顧客牽引型）

4.4 生産革新，サービスエクセレンスのキーサクセスファクター

(1) 革新技術の普及による形式知化

ものづくりのクオリティに端を発したクオリティマネジメントは，ものづくりからコトづくりへの進展に伴い，サービスのクオリティを包含した顧客価値創造を視野に入れた研究が数多く進められてきたが，道半ばとなっている．その要因の一つに，サービスに関する情報の多くが暗黙知にとどまり，形式知化したデータも抽象度が高いことが考えられる．

しかし，IoE によって，顧客の情報がインターネットを通してビッグデータとして蓄積できるようになり，AI 技術の進展により音声や画像も認識できるようになると，サービスのクオリティが急速に進展する可能性を秘めている．また，ものづくりのクオリティも革新技術の導入に伴い，個別生産への適用，PDCA サイクルの高速化などさらなる進化への道筋を見いだすことができる．

(2) インターネットのクオリティ

ここで，生産革新における「工程のオープン化」，エクセレントサービスの重要なプロセスである「個客接点の構築」などに不可欠なインターネットを活用するに当たって，私たちが留意しなければならないことがある．

IoE と称されるとおり，インターネットは世界中の“Everything”とつながるメリットがある一方で，誰でも利用できるオープンなプ

ラットフォームであるがゆえに，道路の渋滞のような現象が起きることがある．具体的には，中継設備で一旦蓄積して，複数の通信で共用される伝送路に送る「パケット（小包）交換」方式であるため，輻輳により通過できなかったパケットは一定期間保留された後に破棄される「パケットロス」が生じることがある（図 4.19 参照）．また，パケットロスを回避するために，通過できなかったパケットを一時的に保留し，回線に余裕ができたタイミングで送信する「バッファリング」を行っているために，遅延が発生することがある．

私は，パケット交換を「駅伝」に重ねている．ゴールに届けたい情報はバトンに託され，複数のランナーによってリレーする．すべてのランナーが予定どおり走ることができれば目的地に到達するが，天候，交通事情，ランナーの体調などによって遅れたり，ゴー

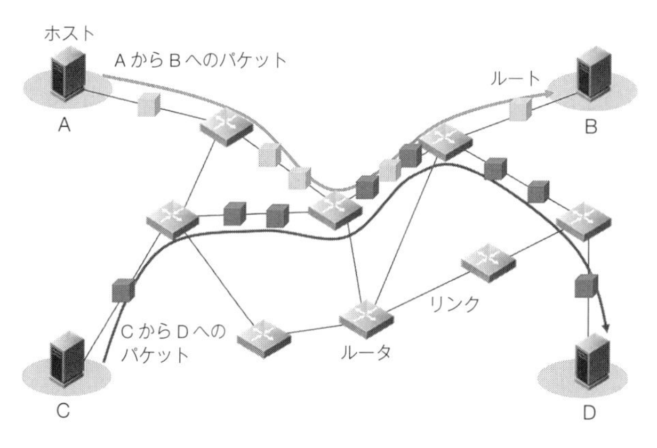

図 4.19　パケット交換

［出典　山本功司(2018)：品質を切り口にインターネットの思想・仕組みを語る，日本品質管理学会他，サービスエクセレンス部会／生産革新部会講演資料］

ルできなかったりするケースも散見される．インターネットの場合は，伝送路に許容量を超えたパケットが送られた際には，伝送機能を維持するために，遅らせたり，破棄するケースがあることを理解しておく必要がある．

このようなネットワークにおいて信頼性を達成するために，通信路上の障害を想定して，通信を終端するエンドでデータを検証する「エンド・ツー・エンドの原則」が求められる．すなわち，ネットワークはデータ伝送に専念し，アプリケーションに必要な機能はエンドで実装することを認識しておく必要がある[19)]．

エンドでの実装について道路に例えて示すと，渋滞時にどの道を通るかの選択するのはユーザーであり，ユーザーが賢くなるとクオリティが向上する．さらに，空港のリムジンバスが飛行機の出発時間に間に合わせるために渋滞を回避する運行システムを構築しているように，インターネットの活用に当たっては，弱点を補うために，「複数ルート利用」「データが届かない場合のアラーム機能の設定」などのしくみを構築しておくことがポイントとなる．

(3)　クオリティの領域の変化

インターネットを活用して多様なサービスが展開できるようになると，クオリティの領域も見直していく必要がある．今までは「プッシュ型」といわれる提供組織の製品やサービスのクオリティが主体であったが，顧客の需要（デマンド）ベースにもとづく「プル型」の価値提供が中心になる（図4.20参照）．ゆえに，これからのクオリティには，製品・サービスのクオリティに加えて，顧客ニーズにフィットさせるための「ベストエフォート」が求められる．

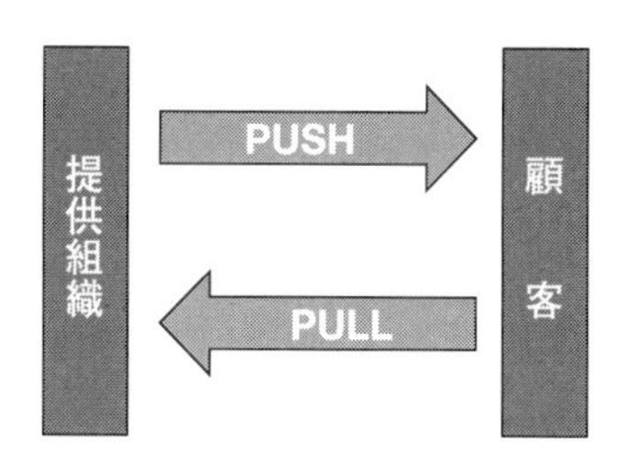

図 4.20 プッシュ型とプル型のイメージ

(4) 顧客ニーズ実現の鍵となる共創の場の構築

さらに，カスタマーニーズへのフィットという観点で，顧客との「共創」がキーサクセスファクターとして注目されている．ゆえに，共創の場となる顧客接点をいかにして構築するかが重要なポイントとなる．特に，オープンプラットフォームなどを通して顧客価値に資するデータを収集するとともに，収集したデータを分析して顧客や社会に価値を還元していく「データの資本化」のプロセスにおいては，TQM が強みとしている「事実・データにもとづく管理」などを活かすことができる．そこで，上述のプロセスにおいて，「QC 七つ道具」のように誰にでも扱える普遍的な手法の開発を目指したい．

以上のように，Society 5.0 がもたらす技術革新は，クオリティマネジメントのさらなる進展へのまたとない好機であり，サービスエクセレンス部会／生産革新部会が「革新戦略に資するクオリティマネジメント」の先導役になることを大いに期待している．新たな取り組みには未知数な要素が多分に含まれるが，不完全であっても活動を進めなければ機を逸すという危機感を抱いている．ゆえに，あるべき姿から逆算する形でロードマップを描きつつ，取り組むべきアクションプランとマイルストーンを明確にして実行力を高めていくことが求められる．

そして，社会大変革の先にある未来を拓く「革新戦略」を具現化するためには，多くの方々のご支援・ご協力が不可欠であり，サービスエクセレンス部会／生産革新部会への積極的な参画を心より願い，本章のまとめとしたい．

トピックス6

技術革新に伴う「ひと」の役割

IoE による生産革新と時を同じくして「ロボット化」の動きも加速化しており，大半の労働が自動化・ロボット化される時代が遠からず到来すると確信している．翻って日本の建設業界を俯瞰すると，労働集約型産業の建設業で特に顕著な人手不足に対する省人化対策に加えて，危険作業など人間では困難または不可能な作業へのニーズとして，自動化，ロボット化の必要性は非常に高くなっている．

皆さんは，自動化・ロボット化は大分先のことと思っているかも知れない．しかし，携帯電話の普及を思い起こしていただきたい．以前の電話は有線であったが，携帯電話の出現とともに，アフリカ諸国などでは有線を飛び越えて携帯電話が瞬く間に普及していった．同様に，どこかでロボット化が成功すれば，それまでの過程を飛び越えて世界中が一気にロボット化する可能性がある．したがって，世の中の動きに敏感に，かつ迅速に対応していかなければならない．

自動化・ロボット化の進展により，私たちの仕事の大半，特にオペレーション業務は，人工知能（AI）の判断のもとに自動的に行われるようになる．しかし，その先に人間が不要になることはないと私は思う．建設業で例えるならば，ロボット導入に適応する施工方法の構築，自動化されたプロセスのトラブル対応およびブラッシュアップ，より広範な社会システム構築に向けての異業種連携など，建設技術者にはますます高度な，広範な技術力とマネジメント力が求められるであろう．人間とAI，デジタルとアナログが共存する世界がありたい姿であると私は思う．

第5章　グローバル戦略としてのクオリティ

わが国は，20世紀後半に高度経済成長を実現した．その原動力は製造業の躍進であり，“Made in Japan”を支えるものづくりのクオリティが日本の競争力の一つに位置付けられ，今日においても製造業の経営基盤として必要不可欠であることに変わりはないが，製造業の多くはそれだけでの成長が難しくなり，顧客や社会が求める価値を実現するマネジメントのクオリティ向上が重要課題となっている．また，マネジメントのクオリティ向上は，業種の垣根を越えた産業界の共通課題となっている．

マネジメントのクオリティ向上を実現する方法論は，ものづくりのクオリティコントロールから進展したTQM（Total Quality Management）として体系化され，国際社会からベンチマークされてきたが，製造業以外の産業への普及が道半ばであるばかりか，製造業でも取り組みそのものが一時期に比べて弱くなっている．TQMを効果的に実施している組織に授与される「デミング賞」の近年における受賞組織の多くがアジアの製造業であることがその証である．そして，社会を揺るがす品質不祥事が多発している現状は第2章で述べたとおりである．

以上のような課題に対応し，「品質立国日本」を将来にわたって揺るぎなくするために，「個々の組織が力をつける」ことに加えて，「クオリティマネジメントの推進により社会の発展に貢献する」という大局的価値観のもとに，一企業，一業界，一団体，一学会の枠を越えて「志」と「行動」を共有する連携のしくみ（横串機能）が必要と認識している．

5.1　オールジャパンの連携構想

(1)　品質月間

品質月間は，1960年に，迫り来る貿易自由化の波に対する危機感が強まる社会環境を背景に，メーカー，流通業者，消費者が一丸となって品質管理に取り組む雰囲気を作りたいという関係者の思いから誕生し，以下の主催団体，後援団体により運営されている．

主催団体：日本科学技術連盟，日本規格協会，日本商工会議所
後援団体：NHK，日本品質管理学会，日本生産性本部，
　　　　　日本能率協会，日本消費者協会，QCサークル本部，
　　　　　日本経済団体連合会，品質工学会

品質月間の主な目的は，全社員の品質意識の高揚，顧客満足・従業員満足の徹底，品質保証体制の確認，製品・サービスの質向上，ISO 9000認証取得後の品質レベル向上，協力企業の体質強化，経営方針の展開と成果の確認などとなっている[21]．

(2)　日本ものづくり・人づくり質革新機構

1990年代後半は，本書を執筆している2010年代後半と同様に，臨界事故，ロケットの打ち上げ失敗，食品会社の食中毒，トンネル

や高架橋のコンクリート剥落などの重大な品質事故が続発していたことに加えて，新興国が力をつけて，日本のものづくりの地位が大きく揺らいでいた．さらに，学級崩壊，家庭崩壊，少年犯罪などの社会問題も顕在化していた．

1999 年 12 月 4 日に箱根で開かれた第 69 回品質管理シンポジウム（主催：日本科学技術連盟）において，この状況を憂いた参加者の総意により「箱根宣言」が採択された（図 5.1 参照）．

この宣言において，「良いものを効率的に作ることを要請された時代」から，「付加価値の高い製品・サービスや事業を創出することを要請される時代」への変化をとらえ，オールジャパンで品質の革新を志向する「(仮) 日本品質革新機構」の創設が提言された．そして，「箱根宣言」に端を発したオールジャパンの活動の気運が高まり，「日本ものづくり・人づくり質革新機構」に名を改め，2001 年 5 月から 3 年間の有期の活動を開始した．

産業競争力強化の視点は，図 5.2 に示されている．産官学の枠を越えた推進組織により，「質」競争力の高度化，拡大化，汎用化を目指した．

そして，「日本ものづくり・人づくり質革新機構」は，日本の産業競争力の源泉は“ものづくり”にあり，その基盤は“人づくり”にあるとして，学術界・産業界の専門家による研究開発チーム（部会）を編成し，表 5.1 のアウトプットを生み出した．

3 年間の活動の成果は，経済産業省を始めとする行政機関，日本規格協会，日本科学技術連盟，日本品質管理学会に引き継がれ，成果の普及・課題の展開などは，引き継ぎ先が担当することとなった．

箱根宣言

“我々は あらゆる品質の革新 をめざします！”

我が国の社会産業基盤としての経営の質，製品・サービスの質，業務の質，さらには社会の質までが大きく揺らぎ，日本産業の競争力が低下している．新ミレニアムを直前にして品質に関する重大な事故が頻発していることに鑑み，次のように宣言する．

我が国の使命は，その競争力を強化しバブル崩壊後の不況から一日も早く脱出し，来る21世紀において世界のリーダーシップをとり，持続的な発展と豊かな地球社会の形成に努めることである．

そのためには，「良いものを効率的に作ることを要請された時代」から「付加価値の高い製品・サービスや事業を創出することを要請される時代」への変化に対応できるTQMを，原点を見据えて構築し，他の優れたマネジメント技術と共同し，日本社会の再生に貢献しなければならない．

そこで，TQMを基盤にしたマネジメント技術の研究開発を推進する機構として（仮称）“日本品質革新機構”（JOQI；Japan Organization for Quality Innovation）を設立し，国を挙げての活動を推進する．

我々TQM関係者一同は，その能力を活かした品質革新を通じ，我が国の社会産業基盤の一つとしてのより高い質のマネジメント活動並びに製品・サービスの実現へ向けて努力する．

《1999年12月4日》
第69回日科技連品質管理シンポジウム 参加者一同

図5.1 箱 根 宣 言
［出典 日本科学技術連盟（1999）：第69回品質管理シンポジウム資料］

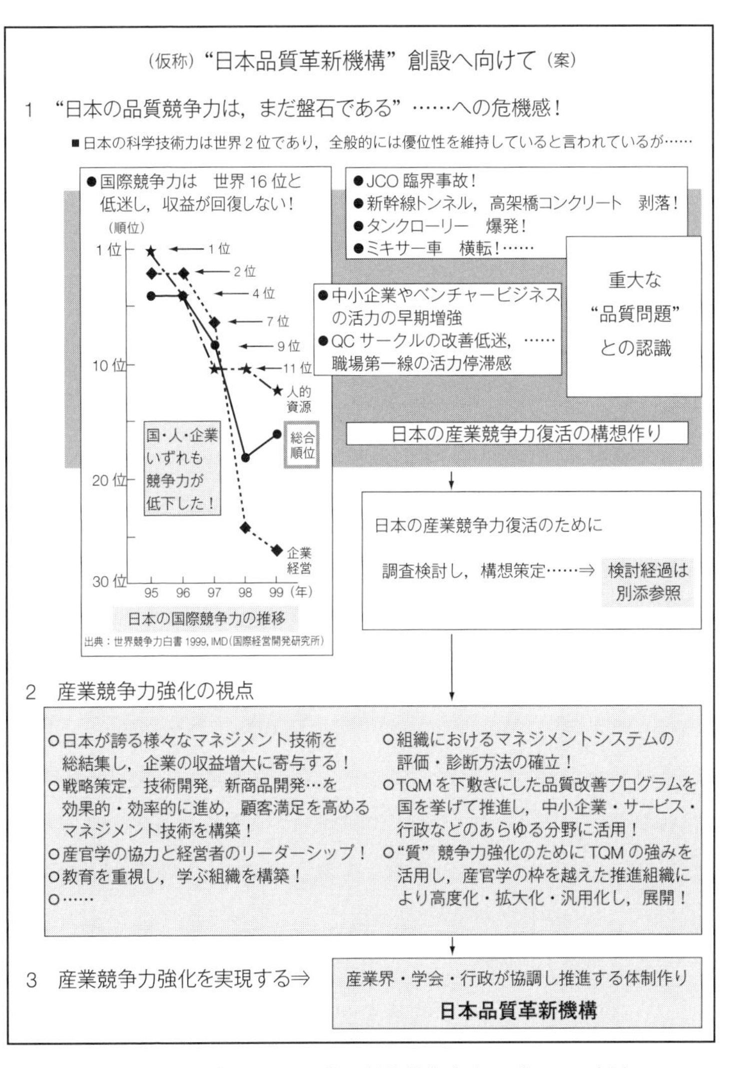

図 5.2　（仮称）"日本品質革新機構" 創設に向けて（案）

［出典　日本科学技術連盟(1999)：第69回品質管理シンポジウム資料］

表 5.1 「日本ものづくり・人づくり質革新機構」の部会活動

	部会名	主なアウトプット
1	新商品開発部会	ものがたり新商品開発
2	ビジネスプロセス革新部会	ビジネスプロセス革新の最前線
3	顧客価値創造部会	顧客価値創造ハンドブック―製造業からサービス業・農業まで感動を創造するシステム―
4	経営システムの自己診断法開発部会	経営システムの自己診断方法
5	経営幹部づくり部会	技術系経営幹部育成プログラム提言報告書
6	クオリティの専門家づくり部会	ものづくり再生のためのクオリティ専門家養成に関する提言
7	職場第一線の人づくり部会	職場第一線人づくり実務ノート
8	医療の質向上部会	ISO 9000 を機軸とする医療マネジメントシステムモデルの構築

(3) Q-Japan 構想

2003 年 11 月，日本品質管理学会の飯塚悦功会長（第 33 年度）は，「Q-Japan 構想」を打ち出した（表 5.2 参照）.「時代が求める“精神構造”の確立」では，時代を越えて必要な質管理の原点である「真理追求型ハングリー精神」を取り戻すことに加えて，社会変化の対応に必要な「自立型精神構造」の獲得を提唱している．また,「産業競争力」の視点で，顧客価値創造に資するマネジメントシステムの確立に加えて，注目すべき分野として高付加価値製品，ソフトウェア，サービスを挙げている．また,「社会技術」のレベル向上にも着目している[23)].

表 5.2 Q-Japan 構想

① 時代が求める"精神構造"の確立
・真理追求型ハングリー精神 ・自立型精神構造
② "産業競争力"という視点での質の考察
・競争優位のための質マネジメントシステム構築 ・注目すべき分野 ―製造業における高付加価値製品提供 ―組込みソフトウェア開発競争力向上 ―サービス生産性向上
③ "社会技術"のレベル向上
・安全：医療安全，原子力安全，プラント安全，航空安全，輸送・交通安全 ・社会インフラ：通信，交通，輸送の質，コスト，効率 ・セキュリティ：社会不安防止，犯罪防止・抑止，情報保護 ・住民サービス：自治体サービス，教育

［出典 飯塚悦功(2008)：JSQC 選書 1 Q-Japan よみがえれ，品質立国日本，p.41，日本規格協会］

(4) JAQ 構想

(a) 組織化の動向

2015 年 6 月，第 100 回品質管理シンポジウム（日本科学技術連盟主催）において，日本品質管理学会の大久保尚武会長（第 44 年度）は，日本品質管理学会の新中長期計画の一つに「品質活動の統合［アンブレラ組織 JAQ（仮称)］創設」を位置付けた[24)]．日本には品質管理に関する組織が多くあり，それぞれ役割を担って活動しているが，これをできるだけ同じ理念のもとに一本化し，強力なものにするため，「JAQ（Japan Association for Quality)」構想を打ち出し，まずは日本科学技術連盟，日本規格協会，日本品質管理学会が緩やかな連合体を形成するべく「三者調整会議」を定期的に開催，2017年12月より日本能率協会が参画し，「JAQ連携協議会」に改称の上，理念の実現に向けて検討を進めている．

図5.3　JAQ構想の実現に向けて

(b)「組織先行」から「活動先行」への転換

構想時には，組織化を先行しながら活動テーマを推進する方針で検討を進めていたが，活動状況を具体的に示したほうが賛同を得やすいことから，JAQの呼称を用いた活動を先行し，組織化が追従する計画に切り替えた．そして，2018年2月に「品質不祥事の再発防止」をテーマとする「緊急シンポジウム」の開催に続いて，同年の標準月間，品質月間において，同様のテーマで講演するとともに，テキストも刊行した．これらの取り組みをファーストステップとして，まずは連携に資する活動を先行しながら徐々に活動のテーマを追加し，連携ネットワークを拡大していく方向である．連携ネットワーク拡大のイメージを図 5.4 に示す．

JAQ 連携協議会が企画した活動は，既に構築されている連合組織である品質月間，標準月間の各委員会に提案し，品質月間，標準月間で開催される行事を中心に活動を展開する．活動内容は，JAQ 連携協議会加盟組織の会員に加えて，品質月間，標準月間行事などを通して，経済界，消費者に訴求する．

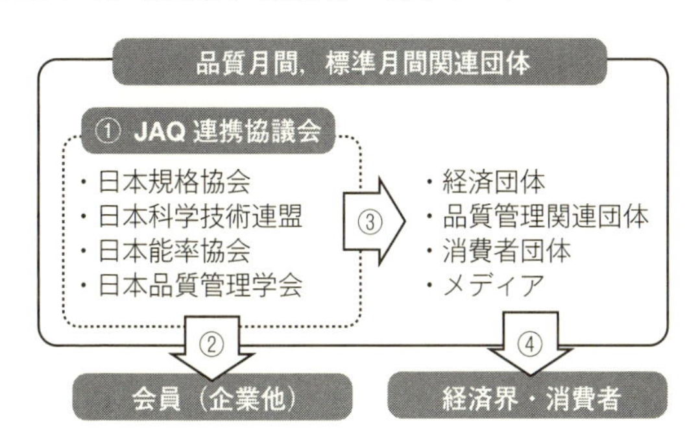

図 5.4　JAQ 連携ネットワーク拡大のイメージ

(c)　JAQ の理念

JAQ の目指す姿は，「JAQ 宣言案」として明文化している．

JAQ 宣言案（抜粋）

私たちには伝承しなければならないことがある．

良き作り手とは，己の道に恥じないように，日々作り続け，そして，己の技芸の至らなさを知り，日々精進を続けるものである．

良き売り手とは，己の道に恥じないように，己の眼に適うものを商い，そして，利を独り占めにせず，顧客への信用を一として努めるものである．

そして，良き買い手とは，良き作り手や，良き売り手を用達し，贔屓にするものである．

このように，日本のものづくりは，作り手，売り手，買い手の間の，誠意と精進から生まれる信頼で成り立ってきた．そして日本社会は，この信頼を損なわないために，学び，育ち，鍛え，絶え間ない改善を進めてきた．そして，その結果として，世界に尊敬される“Made in Japan”を確立させた．

一方で，私たちには考えなければならないことがある．

私たちには，私たちの世代が生み出し，私たちの生活に多大な影響を与えているシステムの質や信頼性を私たちの世代の責任において盤石なものとし，次世代に引き継ぐ責任がある．私たちには，これから益々重要となるコトづくりの生産性を先達が大切にしてきた品格と上質と如何に両立させるのか，作り手，売り手，買い手が一丸となって明らかにする必要がある．

私たちは，国際社会の一員として，これからの国際社会が必要とする品格と質に関わる倫理と理念，そして，将来に託すべき新たな仕組みと行動とを次世代を担う方々と共に再考し，創造しなければならない．

将来世代の作り手は，売り手は，そして買い手は，何を琢磨すべきか．何を信頼すべきか．

私たちには，これまでの日本の良き営みを継承し，新たな社会の営みを創生する一助たるべく，自らの活動の質，自組織のマネジメントの質，さらにはそれらの成果の質を正視し，社会とその未来の健全な発展のために，それらの質を琢磨することに誠意と創意と叡智とを尽くす使命がある．

そして，上述の志を共にして，品位と上質を希求する視点から，日本の是正すべき側面を改め，日本と世界の相互の発展に資する活動を推し進め，社会が必要とする新たな仕組みを築くべく，俯瞰的な連携を視野に入れることが今まさに求められている．

JAQ宣言は，産業界，学術界，消費者を問わず，社会に身を置くすべての人が心の拠り所とすべき精神を示している．より本質をとらえた内容への推敲を進めるとともに，JAQの活動を通して普及を図り，私たちが常に心にとどめ，戒めなければならない行動原則として普遍化することを希求している．

5.2 グローバル戦略として取り組むべき課題

5.2.1 課題の明確化

オールジャパンで取り組むべき課題は，「日本ものづくり・人づくり質革新機構」「Q-Japan構想」から多くを学ぶことができる．

まずは，「品質立国日本の復活」である．産業競争力の低下，モラールの低下，重大トラブルの多発といった社会的な問題・課題に対して，継続的かつ定期的に社会に発信していくとともに，問題が発生した際には迅速かつ的確なメッセージを打ち出すことが重要である．加えて，第4章に示した「個客体験のクオリティ」などの競争力強化に資する取り組みについて，各組織が取り組んでいる先進的な情報を広く共有し，日本国内全体に普及していくとともに，日本の強みとして国際社会に発信していくことが求められる．ゆえに，品質立国日本を将来にわたって揺るぎなくするために，基盤戦略と革新戦略を両輪とする活動をオールジャパンで推進し，国際社会に訴求していくことが重要と受け止めている．

次に，「デジュール戦略」である．グローバル経済を見据えると，個々の企業のクオリティ向上は必要条件であるが十分条件でなく，「国際標準化」をより一層戦略的に進めることが必要不可欠である．経済産業省（当時）の藤井敏彦氏が，『競争戦略としてのグローバルルール－世界市場で勝つ企業の秘訣』[25)]において「真の競争はモノづくりの前に始まっている」と示唆しているとおり，グローバルワイドでビジネスエコシステム化が進展している中で，事実上のスタンダードである「デファクト」のみならず，公的なスタンダードである「デジュール」への感度を高めていかなければクオリティの確保・向上は困難となる．そして，ものづくりに加えてサービスの標準化の動きが活発になっている．

この潮流をとらえて，近年は民間発の標準化の機運が高まりつつあり，日本規格協会は民間規格としてJSA規格を開発・発行する制度を2017年6月に創設するとともに，BSI（英国規格協会），DIN（ドイツ規格協会），AFNOR（フランス規格協会）など欧州諸国の規格協会との連携を強化するなど国際標準化を戦略的に推進している．JAQ では，日本規格協会が牽引する国際標準化について，日本が強みとするシーズに関する情報収集および人的ネットワーク構築を主な課題として，検討を進めている．

5.2.2 国際標準の活用例

本項では，国際標準の活用について，総合建設業のサービスマネジメントに着目して考察する．

(1) 総合建設業とは

日本標準産業分類では，建設業は製造業と異なる産業として分類されている．その中でも，総合建設業の通称である“ゼネコン”は，“General Contractor”の略称であり，“Constructor”を意味してはいない．すなわち，総合建設業は，インフラや建築などの“ものづくり”にフォーカスされがちであるが，図 5.5 の構造にもとづき，地域社会への対応をはじめ，発注者，設計監理者，専門工事業者との調整など，建設に関わるリスクを請け負うことが本質であり，“サービス”によって付加価値を創出している．

建設事業のプロセスを図 5.6 に示す．総合建設業のコア事業は，設計・工事の“請負”である．しかし，品質保証の側面では，設計・工事段階のみならず，維持・管理段階に至るまで長期に及ぶ．加えて，建設構造物の安全性，利便性などの評価は，経年による変化，使用状況によって様々で一定しないという特徴を有する．

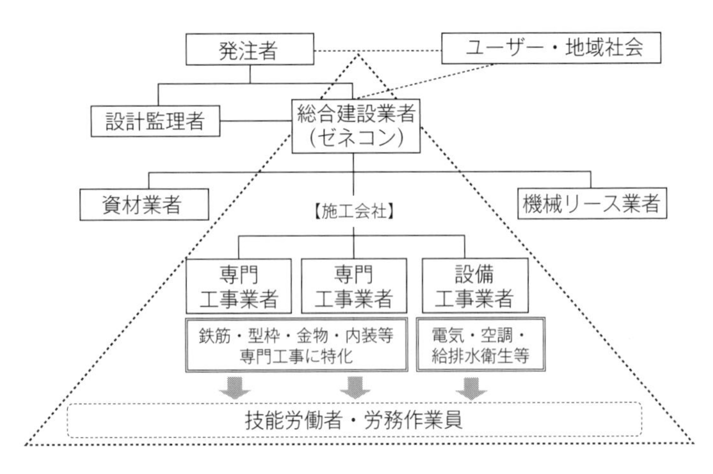

図 5.5　建設業の構造

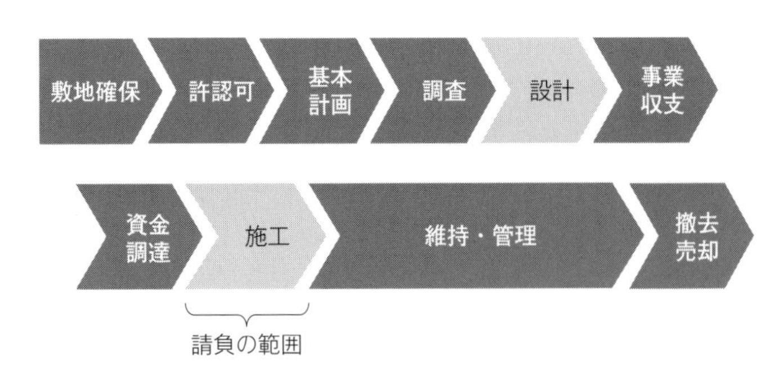

図 5.6　建設事業のプロセス

(2)　建設市場の変遷と新たなビジネスモデルの進展

総合建設業は，建設リスクおよび品質保証などの側面で，発注者の期待に応えることにより対価を得ているが，収益力の安定性を課題としている．その要因の一つとして，景気の変動が挙げられる．建設事業は大規模な投資を伴うことから，市場の規模は景気変動の影響を受けやすい．そして，市場縮小に端を発したダンピング競争が熾烈を極め，収益を悪化させた歴史を有する．

現在の建設市場は，東日本大震災からの復興，アベノミクスの推進などを背景として活況を呈しているが，将来的には人口減少，社会の成熟化に伴い，再び縮小に転じると想定されている（図 5.7 参照）．維持・更新を含めた一定の需要は見込まれるものの，再び訪れる景気変動の影響を受けず，安定的な収益を確保可能なビジネスモデルを確立することが喫緊の課題となっている．

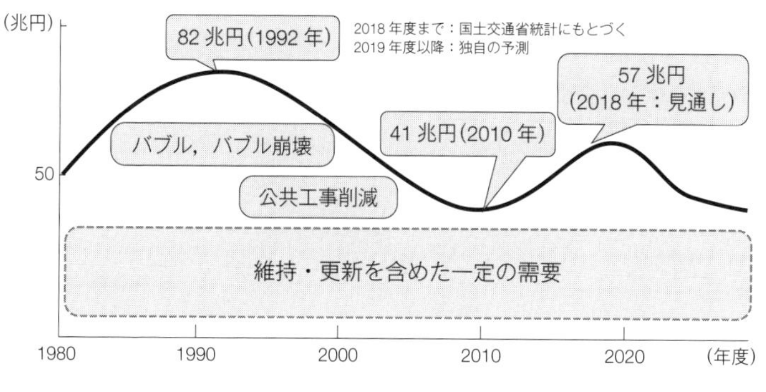

図 5.7　日本の建設市場の推移

［出典　国土交通省の統計をもとに作成］

社会資本整備の歴史が古い欧州では，日本に先んじて建設投資が伸び悩んだ．その欧州に拠点を構えるゼネコンが，新たな成長を目指すべく注力したビジネスモデルの一つが“コンセッション”である．内閣府はコンセッションを「利用料金の徴収を行う公共施設について，施設の所有権を公共主体が有したまま施設の運営権を民間事業者に設定する方式」[27] と示しており，わが国においても，空港，有料道路などの民間企業による運営がスタートし，新たな市場としての成長が期待されている．この潮流は，総合建設業の事業領域が，従来の設計・工事からライフサイクル全般へ，さらには建造物の利用価値向上の観点から公共サービスや地域活性化などに拡大し，新たな市場が萌芽しつつあることを意味している．そして，変化の先にあるビジネスステージにおいて，より一層必要となるキーサクセスファクターは，インフラユーザーおよび社会の期待に応え，さらには期待を超える“建設サービスの企画力”にある．

(3)　B to S への進化

ここで重視すべきは“顧客”の定義である．従来は“発注者”を顧客と位置付けることが多かったが，建造物のライフサイクル，さらには建造物の利用を通した公共サービス，地域活性化を見据えると，“ユーザー”“社会”も顧客であることは必然である．企業間取引の視点でとらえると，従来の“B to B”のビジネスモデルが，発注者・ビジネスパートナーとの共創によりユーザーや社会に価値を提供する“B to B to P（People)”，“B to B to S（Society)”，さらには社会的課題の解決を志向する“B to S”へと進化していく可能性を秘めている．

上述のビジネスモデルの進化を実現するには，ユーザーの利用状況をモニタリングし傾向を分析の上，新たなサービスの開発に結実させるマネジメントシステムの構築が前提となる．

(4)　アセットマネジメントシステム

ユーザーの利用状況などをモニタリングするシステムを構築する指針として，アセットマネジメントシステムを活用することが有効と考えている．アセット（asset）は“資産”を意味し，資産の対象として道路・橋・上下水道などの社会インフラが含まれている．そして，資産の適切な運用・維持管理を目的として，2014 年 1 月 10 日に国際規格 ISO 55000 シリーズが発行された．このうち ISO 55001 は，アセットマネジメントシステムの要求事項を規格化している．その要諦は，組織目標を具体的なアセットマネジメント計画にブレークダウンし，パフォーマンスを評価の上，継続的に改善する“PDCA サイクル”にある（図 5.8 参照）．

ISO 55001 の要求事項にもとづき，アウトカム指標をモニタリングする測定方法を定め，パフォーマンスを評価する．例えば道路

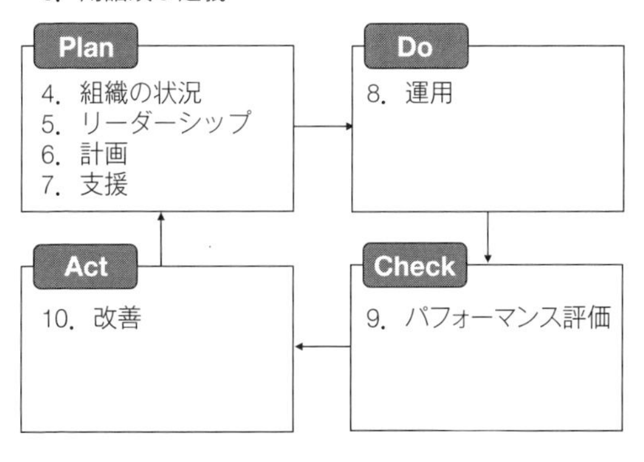

図 5.8　ISO 55001 の構造

では，「渋滞発生による利用者の損失時間」「路面の健全度」「死傷事故件数」などである．これらのデータを正確に，タイムリーに，手間をかけずに把握することが肝要であり，そのためには，ICTを駆使してビッグデータを集積の上，解析するシステムが必要不可欠になる．

建設事業のライフサイクル全体を視野に入れる場合に構築すべきICTシステムは，設計，工事，維持管理といった単独のプロセスにとどまることなく，ライフサイクル全体を包括するとともに，“ものの流れ”と“情報の流れ”を一致させて，集積・分析したデータを次工程へのインプット情報として活かすことが求められる．これにより，ライフサイクルのトータルコスト低減，建造物の長寿命化，顧客の利用状況に応じた改善などのインプット情報を“見える化”することが可能になる．

(5)　総合建設業のサービスマネジメントシステム

総合建設業のサービスマネジメントシステムの現状は，個々の企業が独自でノウハウを蓄積している段階にあるが，エクセレンスモデルの構築に向けて，サービスプロセス提供の側面ではISO 55001などがベンチマークの対象になる．そして，欧州に端を発したコンセッションは，今まさに日本で導入が進み，将来的にはアジアにおいても普及していくと考えられている．

この潮流を見据えると，国際規格の活用および国際標準化の推進により，エクセレンスモデルをグローバルワイドに普及していくことが，国際社会の発展に貢献するとともに，わが国の競争力強化に寄与すると確信している.

トピックス 7

グローバル化に伴う三つの機会

経営戦略としてのグローバル化について，未来への方向性を示す上で，対象とする市場をグローバルの視点でとらえ，収益向上に資する戦略を進める必然性は論を俟たない．しかしながら，私の考えるグローバル化のメリットはそれだけでない．グローバル化を通して巡り会う様々な機会は，個人や組織の成長，価値創造に寄与するのみならず，将来を担う若人には避けて通れない修練の場であると確信している．

そこで，私自身が国際交流，海外赴任を通して経験した三つの機会に触れ，学び得た点を述べさせていただきたい．

① 相互の良さ，強さを認識し，融合する機会

今から約 50 年前に遡るが，学生時代にリュック一つで欧州諸国を一人旅した．横浜からナホトカまで渡航し，シベリア鉄道などを乗り継ぎモスクワへ向かい，オーストリア，イタリア，スペイン，フランスを訪れた．各地で知り得たことが自らの視野を拡げた一方で，わが国のもつ歴史，文化，治安などの素晴らしさを改めて認識することができた．そして，前田建設に入社し，海外出張などを重ねるにつれて，国際交流では相互の良さを活かすことが何よりも重要との考えに至った．さらに，交流を深化させるには，自国の良さを学び，相手に伝える力が不可欠であることを痛感した.

② あらゆる物事に携わる機会

1982年より約3年にわたり，マレーシアのバタンアイ水力発電所建設工事に従事し，日本ではできない貴重な体験をした．まず，部品・道具がない．削岩機のビットなどは自分たちで研磨したりした．重機が故障しても，日本からすぐには部品が届かないため別の重機を分解して対応したが，その修理を手伝うことも多かった．このように，あらゆる物事に携わった経験が後に大いに役立った．例えば，不確定要素も念頭に置いた歩掛りを把握できるようになり，その積み重ねがプロジェクト全体の工程管理，原価管理の根拠となった．国を問わず，異国の地で物事を進めるには，まず自らが新たな歩みを踏み出さなければならない．そしてその苦労を前向きに受容し，道を切り拓いていくことが大いなる糧になると信じ，海外での業務経験を奨励している．

③ 地球全体のつながりを認識する機会

2005年以降，日本経団連自然保護協議会の調査団の一員として，世界各国の自然保護プロジェクトを視察している．このうちインドネシア視察は59ページ，ミャンマー視察は71ページに記載しているが，今回はサモア視察について触れたい．

サモア独立国で社会問題化している海洋ごみは，自国からの排出のみならず，周辺地域からの流入が多くを占めている．この現象は，環境問題がサモアという「点」ではなく，周辺国との「線」，さらには太平洋を包括する「面」としてとらえなければならないことを示唆している．ゆえに，今日の社会・経済は一国で成り立つものではなく，世界各国と密接に連関している．このような「つながり」を当事者感覚でとらえるためにも，世界各地に足を運び，身を置くことは，今を生きる私たちに求められる役割であると信じてやまない．

あ と が き

2016年初夏，積水化学工業の大久保尚武相談役（当時）より日本品質管理学会へのお誘いをいただいた．同学会の第44年度会長を務められた大久保相談役から第47年度会長を念頭においてほしいとのお言葉に，錚々たる方々が歴代会長に名を連らねる中で，私などが務まるのかという不安が募りつつも，尊敬する大久保相談役からのご指名を天命と受け止め，統計センターの椿広計理事長（当時，第45～46年度会長），前田建設の前田又兵衛総代（当時，第29年度会長）からの激励も後押しとなり，2016年11月から副会長，そして2017年11月から会長の大任を拝することになった．

第47年度の方針を起草するに当たり，当初はAI，IoEなどが急速に進展している時代背景に従って，革新ツールの開発に重きを置こうとしていた中で，品質不祥事が日本全体を揺るがす問題となり，対応を余儀なくされた．そこで，コマツの坂根正弘相談役（当時，第41年度会長），中央大学の中條武志教授（第42～43年度会長）に加えて，日本規格協会の揖斐敏夫理事長，日本科学技術連盟の佐々木眞一理事長のご指導を仰ぎながら，品質不祥事の再発防止に向けての取り組みを最優先課題として実行することになった．

このときの経験から，経営者としてその重要性を再認識するとともに，学会長として「基盤戦略をおろそかにすると危機を招く結果に至ること」，「基盤戦略を不変の哲学として取り組み続けること」をメディア，行事などを通して訴求し続けることが私のミッションとなった．

その一方で，基盤戦略だけでは世の中の流れに乗り遅れてしまうという危機感を常に抱いていた．そこで，サービスエクセレンス研究の第一人者である東京大学の水流聡子教授（第45～46年度副会長）に加えて，ICT分野のスペシャリストであるIIJイノベーションインスティテュートの浅羽登志也取締役（第47～48年度副会長）を部会長とするサービスエクセレンス／生産革新部会を立ち上げ，革新戦略に資するクオリティを追究した（第4章で詳述）．

基盤戦略と革新戦略が両輪となる「戦略としてのクオリティマネジメント」の構図が具現化されつつある中で，2018年11月に学会長としての任期を終え，早稲田大学の棟近雅彦教授（第48年度会長）にすべてを託し，肩の荷が下りようとしたまさにその時，飯塚悦功東京大学名誉教授（第33年度会長）から本書の執筆について打診をいただいた．文筆活動は無縁で，どちらかといえば苦手であり，腰が引けるばかりであったが，座右の銘に従いこれも天命と受け止め，日本規格協会出版情報ユニットの皆様の絶大なるサポートを得てチャレンジすることとなった．

私にできることは，経営者としてのメッセージである．ゆえに，経営戦略としてクオリティを位置付け，目標の達成に向けてリーダーシップを発揮するとともに，下部組織との対話をもち，しくみづくりを推進することに重きを置いた構成とした．

クオリティを経営戦略に据えることによって，顧客・社会の期待が前提となり，プロダクトアウトの思想から，マーケットイン，カスタマーイン，さらにはパーソナルイン，ソーシャルインへと思想が転換するとともに，その思想を実現することがエクセレントマネジメントであると確信している．

ゆえに，経営者は，全員参加のもと，先頭に立って戦略としてのクオリティマネジメントを牽引することを結論として，本書のまとめとしたい．

引用・参考文献

1）JSQC-Std 00-001:2018　品質管理用語，日本品質管理学会
2）石川馨(1984)：日本的品質管理 増補版，日科技連出版社
3）細谷克也，西野武彦，新倉健一(2002)：品質経営システム構築の実践集，日科技連出版社
4）狩野紀昭，瀬楽信彦，高橋文夫，辻新一(1984)：魅力的品質と当たり前品質，品質，Vol.14, No.2, pp.39–48
5）JSQC-Std 32-001:2013　日常管理の指針，日本品質管理学会
6）JSQC-Std 31-001:2015　小集団改善活動の指針，p.4，日本品質管理学会
7）緊急シンポジウム実行委員会(2018)：緊急シンポジウム“品質立国日本”を揺るぎなくするために　～品質不祥事の再発防止を討論する，品質，Vol.48, No.2, p.34
8）中條武志(2004)：組織における不適切な人間行動とそのリスク評価，信頼性，Vol.26, No.7, p.627
9）厚生労働省：労働災害発生状況
10）国連持続可能な開発サミット(2015)：我々の世界を変革する：持続可能な開発のための 2030 アジェンダ
11）前田又兵衞(2004)：隗よりはじめよ，p.201，小学館
12）ポール・ヴィリリオ著，小林正巳訳(2006)：アクシデント事故と文明，青土社
13）江崎浩(2018)：インターネットが前提の社会～サイバーファーストな世界への進化～，日本品質管理学会他，サービスエクセレンス部会／生産革新部会講演資料
14）セオドア・レビット著，有賀裕子訳(2007)：T. レビット マーケティング論，ダイヤモンド社
15）山下克司(2018)：データ資本とサービスプラットフォーム，日本品質管理学会他，サービスエクセレンス部会／生産革新部会講演資料
16）水流聡子(2016)：「サービス標準化スキーム」の提案，第 1 回サービス標準化フォーラム講演資料
17）水流聡子(2018)：「サービス」について考える，品質，Vol.47，No.4，p.3
18）中川郁夫(2018)：デジタルがもたらす事業構造変革，日本品質管理学会他，サービスエクセレンス部会／生産革新部会講演資料
19）JSA-S 1002：2019　エクセレントサービスのための規格開発の指針，日

本規格協会
20） 山本功司(2018)：品質を切り口にインターネットの思想・仕組みを語る，日本品質管理学会他，サービスエクセレンス部会／生産革新部会講演資料
21） 品質月間ウェブサイト，http://q-month.jp/
22） 日本科学技術連盟(1999)：第69回品質管理シンポジウム資料
23） 飯塚悦功(2008)：JSQC選書1　Q-Japan　よみがえれ，品質立国日本，日本規格協会
24） 大久保尚武(2017)：これからの品質管理，品質，Vol.47, No.4, p.44
25） 藤井敏彦(2012)：競争戦略としてのグローバルルール—世界市場で勝つ企業の秘訣，東洋経済新報社
26） 国土交通省：建設投資見通し
27） 内閣府ウェブサイト：コンセッション(公共施設等運営権)事業，https://www8.cao.go.jp/pfi/concession/concession_index.html

索　引

あ

IoE　84
IoT　76
ISO 55000 シリーズ　133
ISO/TC 312　100
アイズ 20　38
アセットマネジメントシステム　133
当たり前品質　18
安全衛生基本方針　45
安全三原則　45
安全十戒　45
安全方針　54

い

ESG　43

え

SDCA サイクル　19
エンド・ツー・エンドの原則　112

お

OHSMS　53
オープン化　86

か

改革・改善チーム　26
改善チーム　26
革新戦略　14, 83
監査・監視　76
管理不良　35

き

技術不良　35
基盤戦略　14, 83
QA　92
QC　12
——サークル　26
Q-Japan 構想　122
共創　86, 106

こ

コトづくり　86

さ

サービスエクセレンス　100
サイバーファースト　87
作業手順書　50
三現主義　82

し

CIM　96
CSV　66
CSV-SS　66
CSV 経営　65
JAQ　123

——構想　123
自働化　76
小集団改善活動　26
小集団活動　26

そ

Society 5.0　84

て

DR　22, 47
TQM　12, 117
TQC　13
デジタルツイン　95
デミング賞　117

と

トーク 30　38
トレーサビリティ　76

に

日本品質管理学会　100
日本ものづくり・人づくり質革新機構　118

は

箱根宣言　119

ひ

BIM　96
B to B to S　87
B to B to P　87
PDCA サイクル　13, 133
ビジネスモデル　87
ビッグデータ化　86
標準化　23
品質　11
——月間　118

ほ

方針管理　21, 47

ま

MAEDA SII　64
MAEDA グリーンコミット　62

み

Me-pon　63
魅力的品質　18

り

リスクマネジメント　78

ろ

労働安全衛生マネジメントシステム　53

JSQC選書 31

戦略としてのクオリティマネジメント

これからの時代の"品質"

定価：本体 1,600 円(税別)

2019 年 11 月 15 日　第 1 版第 1 刷発行

監 修 者　一般社団法人 日本品質管理学会

著　　者　小原　好一

発 行 者　揖斐　敏夫

発 行 所　一般財団法人 日本規格協会

〒 108-0073　東京都港区三田 3 丁目 13-12 三田 MT ビル
https://www.jsa.or.jp/
振替　00160-2-195146

製　　作　日本規格協会ソリューションズ株式会社
印 刷 所　株式会社ディグ
製作協力　有限会社カイ編集舎

ISBN978-4-542-50488-2